歴史文化ライブラリー

374

大工道具の文明史

日本・中国・ヨーロッパの建築技術

渡邉 晶

吉川弘文館

目　次

道具の文明史――プロローグ

・森林と木の文化

四六〇メートルの小道

数年前（二〇〇七年）、今でも記憶に残るテレビ放送を見た。北海道・富良野《ふらの》に居住して作家活動を続けている倉本聰氏が、廃業となったゴルフ場を元の森林にもどそうとする、その取組みを紹介する内容であった。森林を復活させるという事業は、長い年月が必要である。放送の中で倉本氏自身が語っていたように、「自分の生きている間に、その復活の姿を見るのは無理」であろう。

そこで倉本氏は、ゴルフ場の中に、長さ四六〇メートル《メートル》の小道をつくった。スタートは四六億年前の地球誕生の時、ゴールは自然破壊や温暖化など、深刻な問題を抱える現代。すなわち、一ミリに換算して、地球の歴史を歩きながら体験できる小道である。次の世代を担う子どもたちに、自然の大切さ、自らも自然の中で生かされていることを体験させる小道である。倉本氏は次の世代、さらにその次の世代へと、この事業を継続させる手立てを講じた。

　希望しつつも、まだ歩いていない小道は、次のような内容と想像している。宇宙誕生は諸説あるが、一三七億年前とした場合、一三七〇メートル先から歩きはじめることになる。九一〇メートル歩いたところ、ゴールから見て四六〇メートル手前で地球誕生。そこから一〇〇メートル（一〇億年）は、ドロドロの状態であったらしい。その後、さらに一〇〇メートル進む間に大陸の原型ができ、原始生命も誕生したが、海には酸素が含まれていなかったという。さらに二〇〇メートル進む間に、海の中に酸素を発生させる生物が生まれ、ゴールから見て六〇メートル手前で、現在の海に近い状態になったらしい。

　さて、残り六〇メートルの間に、生命は劇的な発達をしていく。現在の森林を形成している針葉樹は二〇メートル手前で、広葉樹は一〇メートル手前で誕生した。人類の直接の祖先である哺乳類も二〇メートル手前のあたりから、大型恐竜が支配する世界で、身をひそめながら生きていた（佐

藤　一九六八）。

数百万年前、サルからヒトが分化したという。仮に五〇〇万年前とすると、ヒトの誕生は五〇センチ手前。右足と左足を前後に並べただけの長さ、ひとまたぎの長さである。猿人、原人、旧人と発達し、現代人と同じ新人は二センチ手前のあたり。すべてアフリカ大陸で誕生し、原人、旧人、新人は、それぞれの時期に、「出アフリカ」を果たしていく。今、地球上に存在する新人は、すべて二〇ミリ手前、つまり二〇万年前にアフリカで誕生した一人の女性、「ミトコンドリア・イヴ」の子孫だという（関・鈴木　二〇〇八）。

筆者は、旧石器時代も含めた建築技術史を研究テーマとしている。特に、わが国の縄文時代以降、手道具を用いて、木を主たる材料とする建築（木の建築）をつくってきた技術、その歴史に関する著述や講演などを行なってきた。研究対象は一ミリ手前、わが国で鉄製の道具を使うようになったのは〇・二ミリ手前、木の建築をつくるプロセスに工場での機械加工や現場での電動工具が導入されたのは五ミクロン（一〇〇〇分の五ミリ）手前である。

この五ミクロンより前の時代、衣・食・住など生活に必要なモノを生産する工人は、建築をはじめとして、手道具だけで、どんな巨大なものもつくり上げていた。ひとつのモノを生産するために、工人相互のつながり、システムが形成され、機能していた。

本書は、二〇〇四年に刊行した『大工道具の日本史』（歴史文化ライブラリー182）の姉妹編として対象をユーラシア大陸全体に広げ、手道具と建築技術との関連を記述したものである。

そのベースにあるのは、二〇一一年三月一一日以降の、わが国の危機的状況をどうすれば明るい未来につなげていくことができるのか、というテーマである。この難しいテーマのヒントは、倉本氏の「四六〇《メートル》の小道」にあるのかもしれない。

ドイツにあった巨大な森

大陸の西、ヨーロッパ文明の基礎となったギリシアは、約二〇〇〇年前まで落葉広葉樹（ナラなど）の深い森におおわれていたという。約二〇〇〇年前に記された『ガリア戦記』によると、現在のドイツにあたる「ゲルマニア」は、六〇日間歩いてもまだ続く巨大な森でおおわれていたらしい。

黄河・長江流域にあった豊かな森林

大陸の東、中国文明をはぐくんだ黄河流域も、かつては広葉樹（ナラなど）と針葉樹（マツなど）の深い森におおわれていたという。

「もうひとつの中国文明」、あるいは黄河・長江流域をあわせての「中国文明」として近年注目されている長江流域にも、約二〇〇〇年前まで、カシを中心とする常緑広葉樹の豊かな森林があった、とのことである。

大陸の西と東を結ぶ地域

大陸の西と東を結ぶ地域、西アジアにあるレバノン山脈東斜面の麓付近は、約一万年前まで広葉樹（ナラなど）の森林におおわれ、標高一〇〇〇メートル《メートル》以上の中腹には、約七〇〇〇年前まで、針葉樹（スギなど）の深い森があったという（安田　二〇〇一）。

大陸の西と東を結ぶ地域、中央アジアにおいては、約四〇〇〇年前まで、ウラル山脈をはさんで黒海の北方からバルハシ湖の北方にかけての地域に針葉樹（マツ）の森林が点在していたらしい（窪田・奈良間　二〇一二）。

・木の建築をつくる道具

刃部の形状と使用法

道具の刃部《じんぶ》は、縦断面を七種類の基本要素に分類することができる（佐原一九九四）。この基本要素を組み合わせる（七×七）と、計算上約五〇種類の刃部が想定できる。これに刃部平面形状を直刃《ちょくじん》と曲刃《きょくじん》に大別すると、その組合せは約一〇〇種類となる。これらの中には石器ではつくれない形状もあるが、いずれにしても石器と金属器の刃部は多様であったと考えられる。

木の建築をつくる道具はこれらの刃部を、多くの場合、木製の柄に装着して使用する。

使用法としては、オノなどのように振り回して使用（S使用）する場合、ノミなどのように叩いて使用（H使用）する場合、そしてノコギリやカンナなどのように推して（あるいは引いて）使用（P使用）する場合などがある（図1）。

なお、木の建築をつくる道具は、石や金属を加工して刃部とした機能部分、多くの場合が木製の保持部分、そして両者をつなぐ接合部分によって構成されている。

石器による加工

磨製《ませい》石器を使用していた縄文時代の建築部材の中に、クリ材に加工された包《つつみ》ホゾ穴（貫通していないホゾ穴）の出土例がある（桜町遺跡、約四〇〇〇年前、富山県）。この加工のプロセスを推定してみたい。まず、第一段階として刃部断面がＡＡ形状（ア）の石器をS使用して中央部分から荒掘りする（石オノ）。次に第二段階として刃部断面がａＢ形状（カ）の石器をH使用あるいはP使用して想定した穴の側面まで加工する（石ノミ）。結果として、穴の側面と底部の境界には曲面が残る（図2）。

金属器による加工

包ホゾ穴を金属器で加工する場合は、まず、刃部断面ｄＢ形状（ウ）の金属器をH使用して荒掘りする（ノミ）。次に、同じく刃部断面ｄＢ形状の金属器をH使用し、最終段階ではP使用して穴の側面を仕上げ切削《せっさく》する（ノミ）。結果として、穴の側面と底部の境界部分は直角となる（図3）。金属器の場合は、

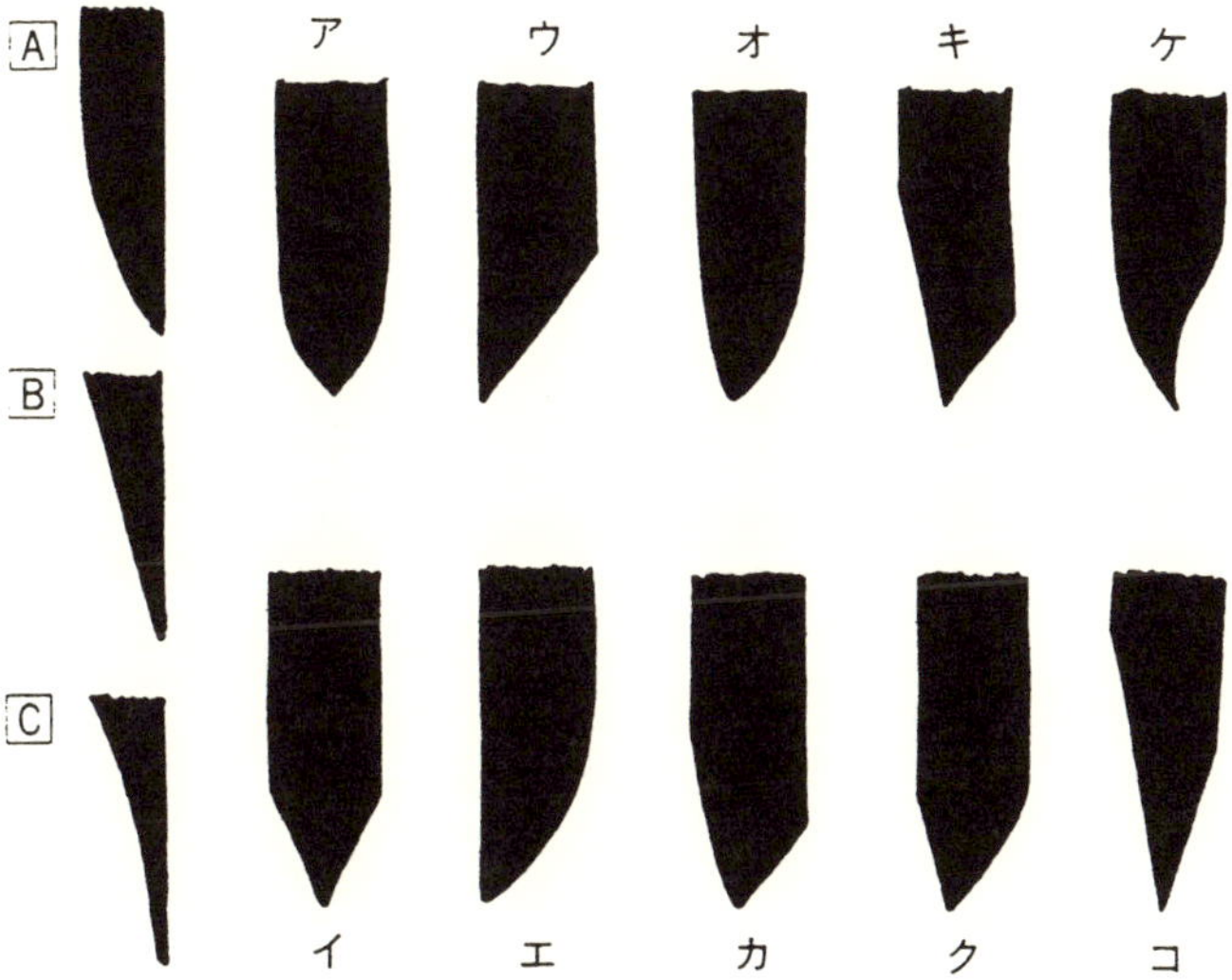

(1)　刃部断面形状の基本要素

A　「凸刃」　「強凸」：A　「弱凸」：a
B　「平刃」　「強平」：B　「弱平」：b
C　「凹刃」　「強凹」：C　「弱凹」：c
片刃　：d

(2)　刃部断面形状基本要素の組合せ例

ア：AA　ウ：dB　オ：aA　キ：bB　ケ：AC
イ：BB　エ：dA　カ：aB　ク：bA　コ：bb

S　振り回して使用　(Swing)　オノなどの使用法
H　叩いて使用　(Hitting)　ノミなどの使用法
P　推して（引いて）使用　(Pushing or Pulling)　カンナなどの使用法

図1　道具の刃部断面と使用法

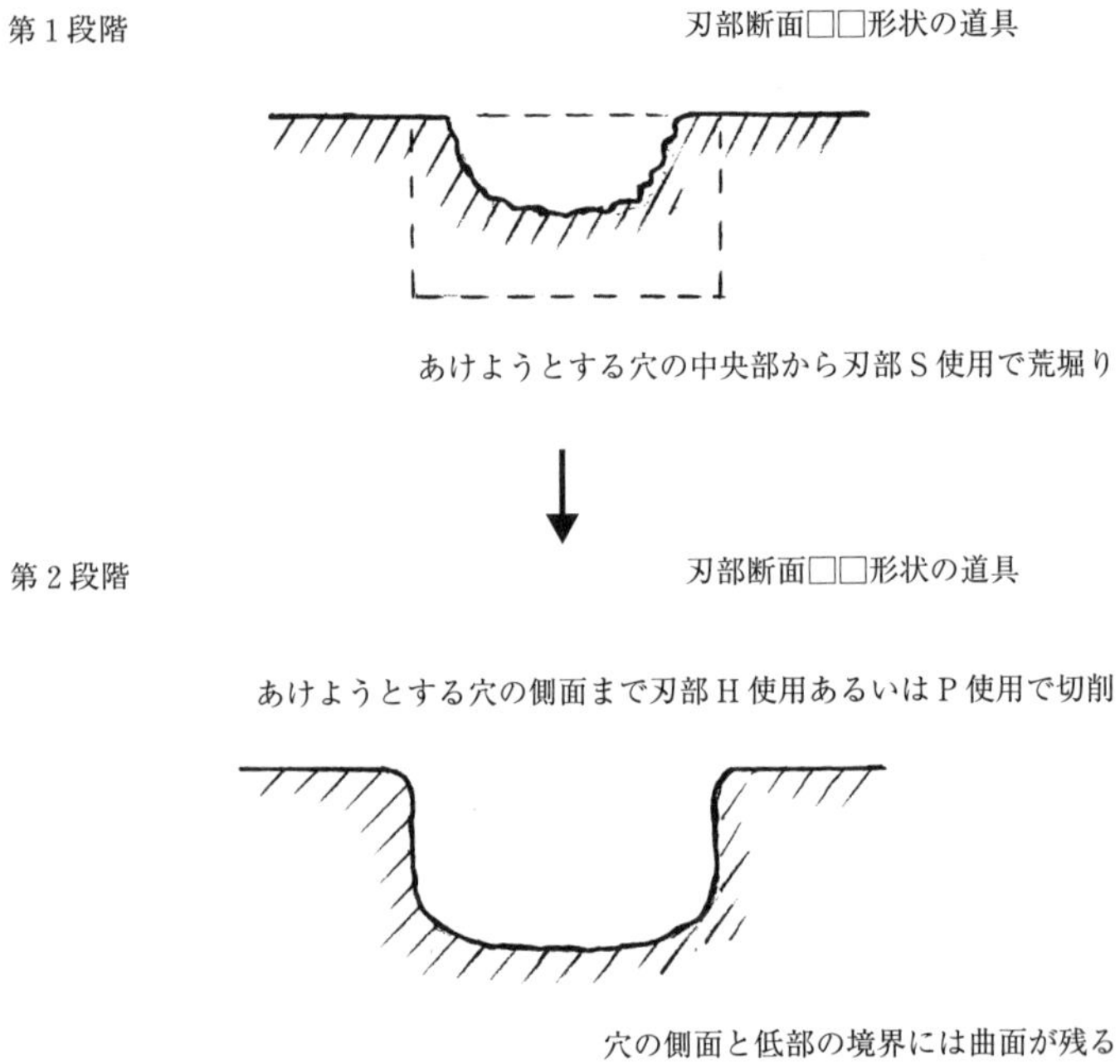
第1段階
刃部断面□□形状の道具
あけようとする穴の中央部から刃部S使用で荒堀り
第2段階
刃部断面□□形状の道具
あけようとする穴の側面まで刃部H使用あるいはP使用で切削
穴の側面と低部の境界には曲面が残る

図2　石製の道具による加工プロセス（推定）

側面と底部の境界部分が鋭角になるように加工することが可能で、この加工は石器では困難と考えられる。

・ヨーロッパの植生と建築

植生と建築用材

ユーラシア大陸の西、ヨーロッパの植生は、建築用材として利用ができる針葉樹林、広葉樹林、両者の混淆《こんこう》林に大別できる。

第一に針葉樹林は、スカンジナビア半島、ロシア北部などを中心に、トウヒ・

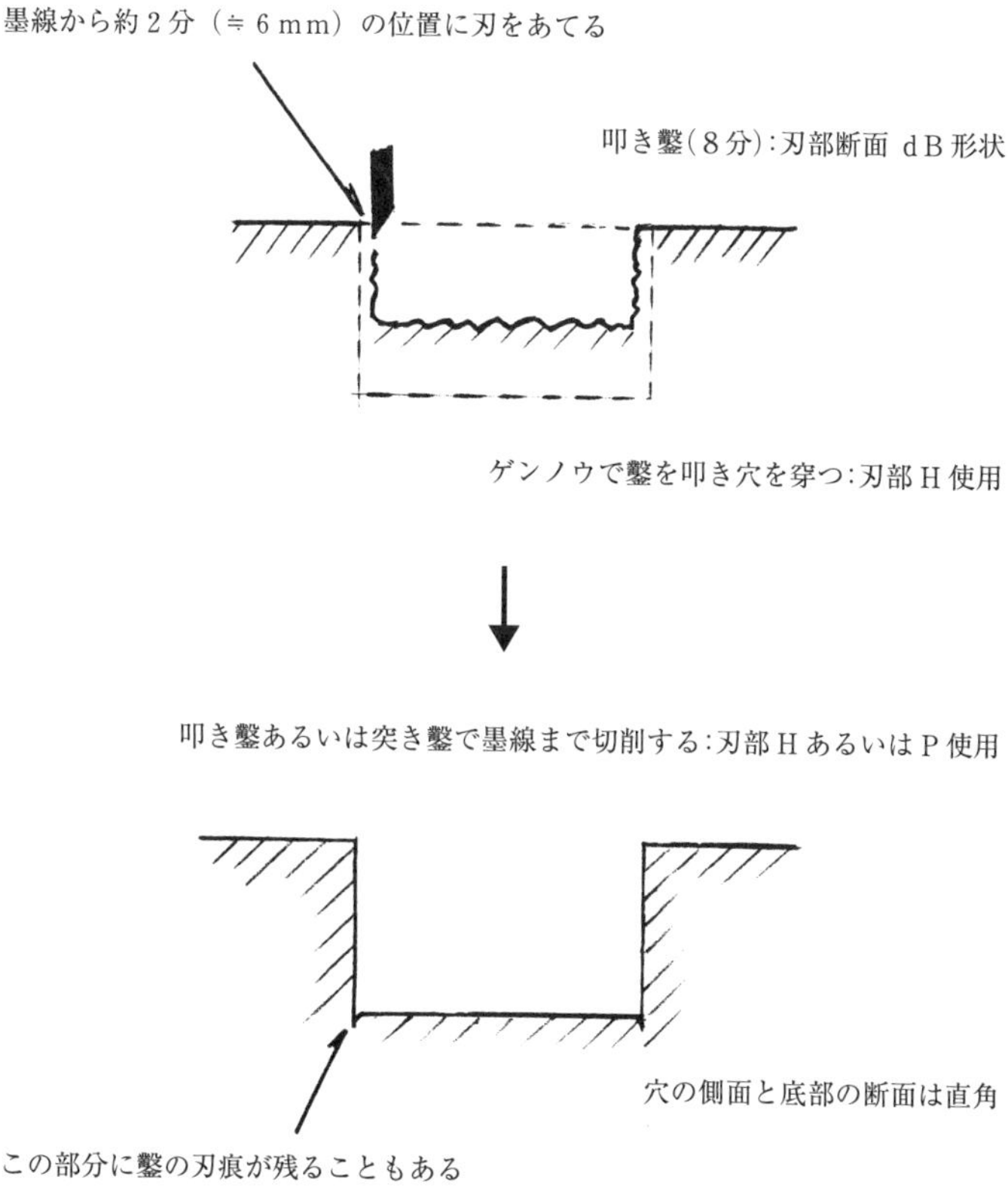
墨線から約２分（≒６mm）の位置に刃をあてる
叩き鑿(８分):刃部断面 dB 形状
ゲンノウで鑿を叩き穴を穿つ:刃部Ｈ使用
叩き鑿あるいは突き鑿で墨線まで切削する:刃部Ｈあるいは P 使用
穴の側面と底部の断面は直角
この部分に鑿の刃痕が残ることもある

図３　金属製の道具による加工プロセス

モミ・マツなどで構成されている。また、ヨーロッパ南部であっても、アルプスなどの高山地帯にも生育している。

第二に、広葉樹林は、イギリス・フランス・ドイツなどを中心に、オーク（ナラ）・ニレ・ブナ・トネリコなどで構成されている。また、ヨーロッパ東部のルーマニア、さらにその東方のウクライナにも生育している。

そして第三に針葉樹・広葉樹混淆樹林は、スウェーデン南部・ドイツ東部・ポーランド・ハンガリー・バルカン諸国・ブルガリア・ロシア南部など、広い範囲を占めている。また、フランス南部からピレネー山脈を経てスペインのバスク地方に至る地域にも存在している。この東西に長くのびたヨーロッパにおける混淆樹林は、西に行くほど広葉樹の、東に行くほど針葉樹の、それぞれ占有率が高くなっていく傾向がある（ジョーダン　一九八九）（図4）。

軟木（針葉樹）文化圏と水平材構法

ユーラシア大陸の西、ヨーロッパの北方と東半分（スカンジナビア諸国、ロシアなど）は、モミやトウヒなどの針葉樹（軟木）材が広がっている。これらの樹木は、建築用材として垂直に使うだけの強度がなかったため、水平材だけを積み重ねていく構法（ログ構法）が発達した（図5～図7）。

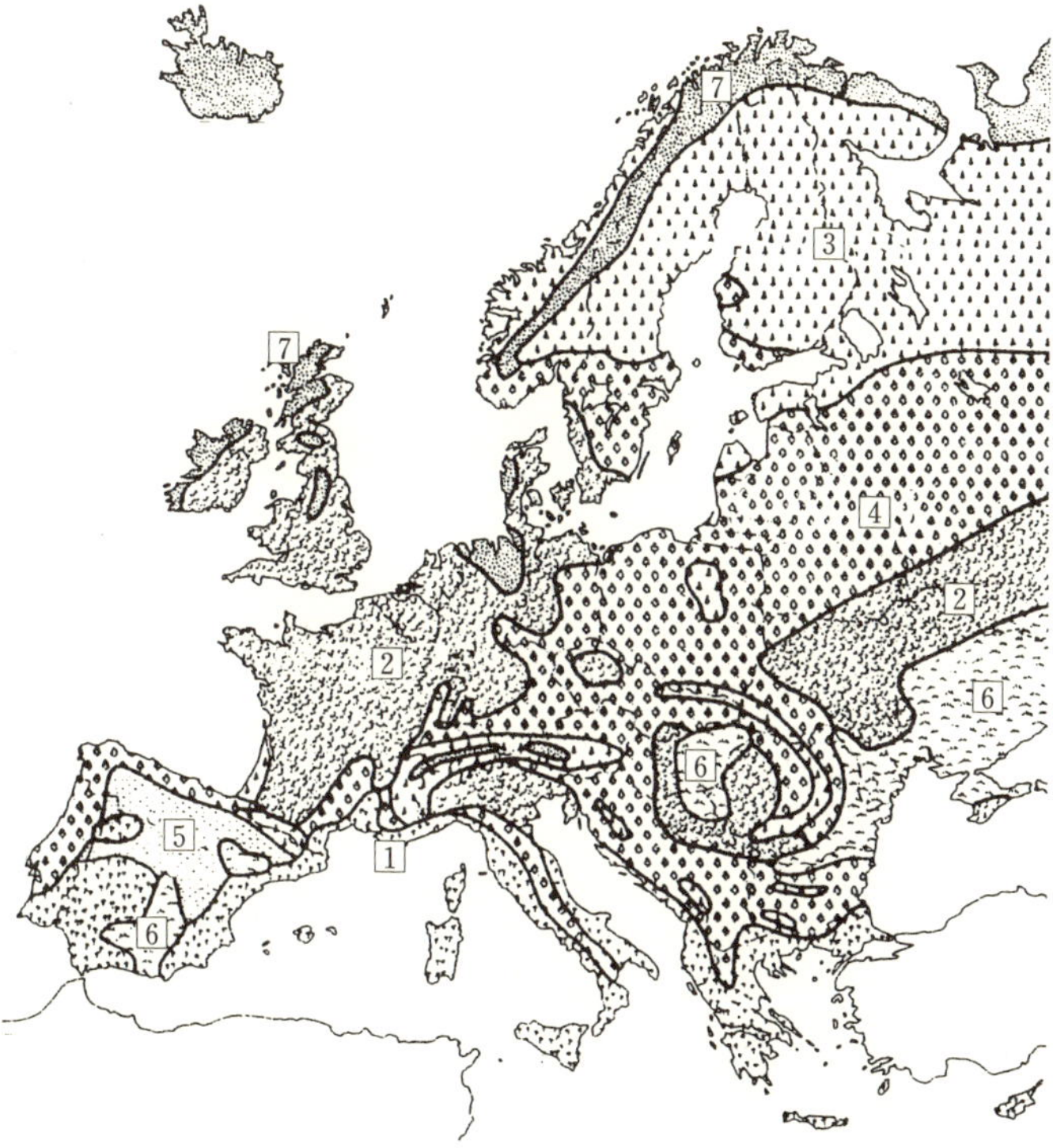

図4　ユーラシア大陸の西・ヨーロッパの植生（テリー・ジョーダン 1989 を一部改変）

図5　ヨーロッパにおける針葉樹の森（スイス・ピラトゥス山）

図6　軟木を用いた水平材構法の建築（ロシア・ギジ島）

図7　水平材だけで構成する小屋組（ロシア・ノブゴロド）

硬木（広葉樹）文化圏と垂直・水平材構法

大陸の西、ヨーロッパの西半分（イギリス・フランス・ドイツなど）は、オーク（ナラ）などの豊かな広葉樹（硬木）林が広がっている。これらの樹木は高い強度を有していたことから、垂直材（柱）と水平材（梁・桁など）とを組み合わせる構法が発達した（図8〜図10）。

硬軟木混合文化圏と両要素併用構法

大陸の西、ヨーロッパの針葉樹と広葉樹とが混淆林を形成する地域（ポーランド・ハンガリー・ルーマニア・ブルガリアなど）では、建築構法においても、両者の要素を併用した特色ある木の建築がつくられてきた（太田　一九八八）。たとえば、ポーランド国境に近いドイツ東部では、建築の主体部を水平材（ログ）構法で、外まわりを垂直材と水平材を組み合わせた構法でつくった木の建築（ウムゲビンデハウス）が見られる（図11・12）。

・広葉樹林が生んだもの

中国の植生と建築用材

ユーラシア大陸の東、中国の植生は、湿潤な東南部と乾燥した西北部とに大きく分けられる。

木の建築の材料となる森林は東南部に広がり、黄河流域は落葉広葉樹林帯、

図8　ヨーロッパにおける広葉樹の森（スイス・ピラトゥス山）

図9　硬木を用いた垂直材・水平材構法の建築（ドイツ・モーゼル河流域）

図10　硬木を用いた小屋組（フランス・トロア）

図11　軟木・硬木両要素の混在した構法
（ドイツ・ツイッタウ近郊）

図12　硬木による木栓接合（外側）と軟木による水平材構法（内側）（ドイツ・ツイッタウ近郊）

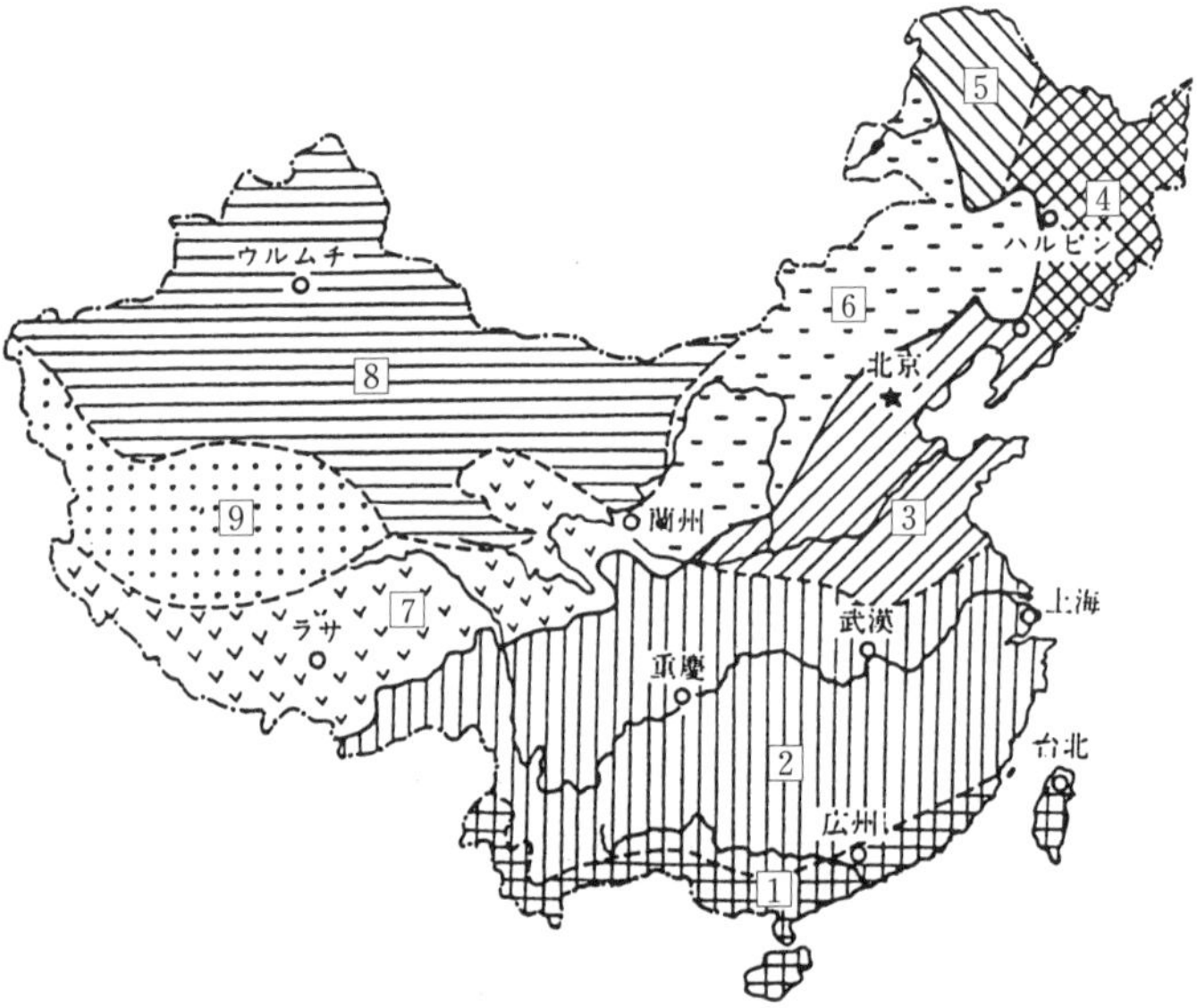

図13　ユーラシア大陸の東・中国の植生（浅川 1975 を一部改変）

□湿潤森林区
1．熱帯雨林，2．常緑広葉樹林，3．落葉広葉樹林，4．針葉・広葉混淆樹林，
5．針葉樹林
□乾燥草原，砂漠区
6．ステップ，7．高寒草原，8．乾燥砂漠，9．冷土砂漠

長江流域は常緑広葉樹林帯に含まれている。建築用材としては、クスノキ・クリ・カエデなどの広葉樹のほか、これらの地域に混淆林を形成するマツやスギなどの針葉樹も使われた（浅川　一九七五）（図13）。

建築構法　建築は、基礎・軸部・屋根という主要部位によって構成される。大陸の東、中国に

図14　中国南西部の鼓楼を有する集落（貴州省）

図15　鼓楼内部の高度な建築構法（貴州省）

おいては、軸部を土や石による壁で構成した建築が、西北部の乾燥地帯に多く見られる。

一方、垂直材（柱）と水平材（梁・桁など）を組み合わせた構法の建築は、東南部の森林地帯に多い。

広葉樹文化圏と垂直・水平材構法

大陸の東、中国の長江流域に居住し、高度な技術を用いて木の建築をつくっていた民族が、漢民族の勢力に追われて南下し、その一部は中国南西部に居住するようになったと考えられている（浅川　一九九四）。

たとえば貴州省などに居住するト

ン族は、礎石の上に長大な柱を立て、水平材（貫《ぬき》）で固めた木造高層建築（鼓楼《ころう》）を有する集落で生活している（図14・15）。また、その住居は高床形式の建築である。

オノにみる東西の発達

オノの基本形式

機　能

木の建築をつくる工程の中で、オノ（斧）は伐木《ばつぼく》作業と製材《せいざい》作業において、主として使用される。

立木《たちき》を伐り倒し、伐木後の原木《げんぼく》を所定の長さにするために、切断用のオノを用いる。さらに原木を山から運び出す前、荒い角材に整形するために、原木荒切削《あらせっさく》（大斫《おおはつり》）用の刃幅の広いオノを使う。そして建築現場に運び込まれた後、加工の前段階として部材荒切削（斫）用のオノ（チョウナ）によって、部材表面の整形を行なう。

基本構造

オノは、機能部分である刃部《じんぶ》と保持部分である柄と、両者の接合部分によって構成されている。

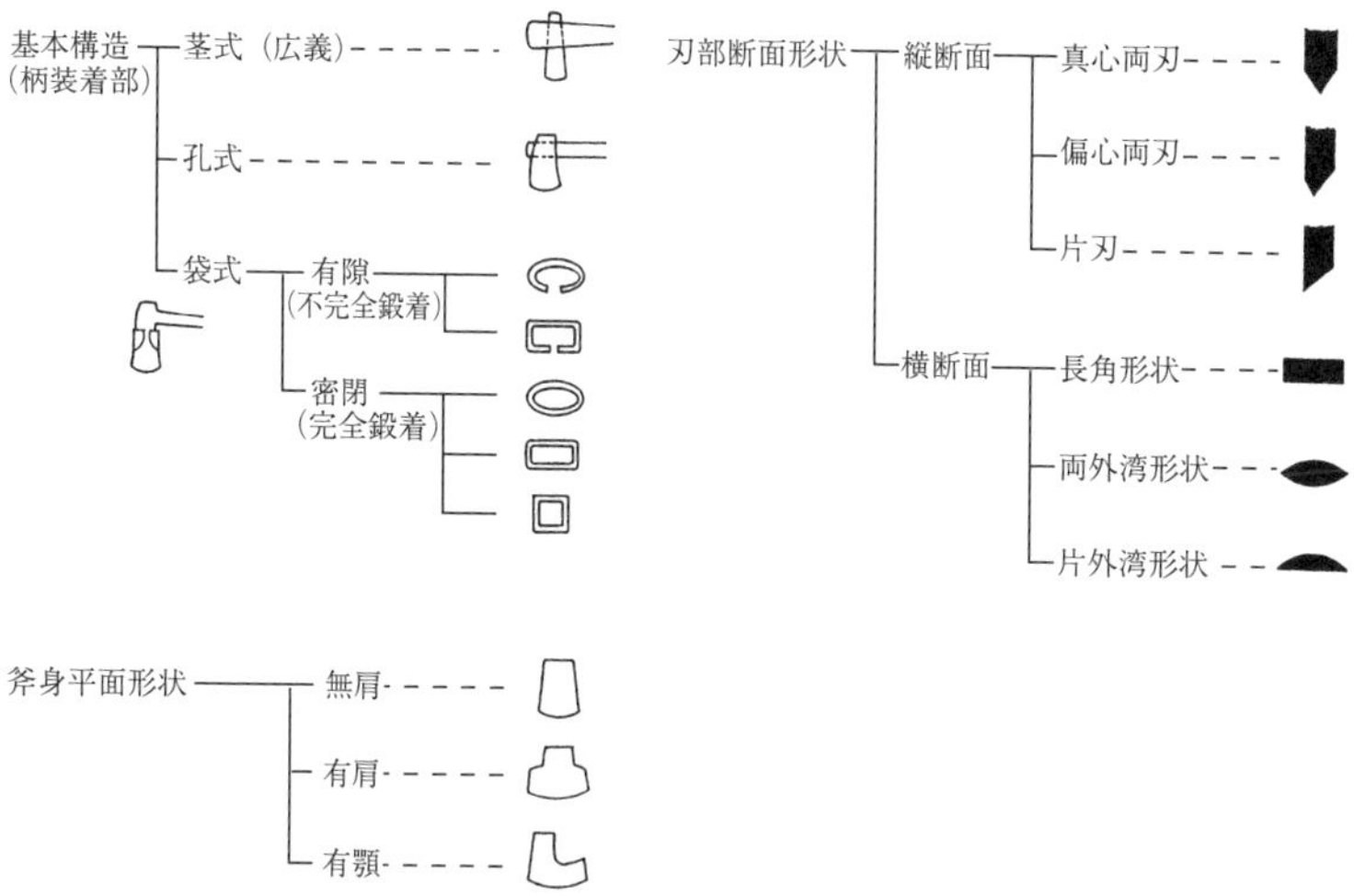

図16　オノの基本構造と形状

刃部の刃先線と柄の軸線と、ほぼ平行に装着したものをタテオノ（縦斧）、ほぼ直交させて装着したものをヨコオノ（横斧）と、それぞれ呼称する。

柄は、バットのような直棒形状の直柄《なおえ》と、枝分れ部分を利用した二股形状の膝柄《ひざえ》とに大別される。

接合部分は、柄にあけた穴（または溝）に接合する茎《なかご》式、刃部と反対側の端部を袋状につくって柄を装着する袋式、そしてオノにあけた孔に柄を装着する孔式、という三種類に分類できる。

そして刃部の縦断面形状は、中心線の両サイドが対称の切刃《きれは》である両刃《りょうば》、両サイドの切刃の角度や長さが異なる偏心《へんしん》両刃、

表1　日本の近代におけるオノ

分類	名　称	法　量（刃幅・重量）	摘　要	職種 杣	職種 大工	機能 切断	機能 荒切削
縦斧	切　斧（キリオノ）	2寸5分（≒75㎜）450匁（≒1,690g）	樹木の伐採用等.柄の長さは3尺くらい.	○		○	
縦斧	斫　斧（ハツリオノ）	7寸（≒210㎜）850匁（≒3,200g）	原木の荒切削（大ハツリ）用等.柄の長さは3尺くらい.	○			○
縦斧	大工斧（ダイクオノ）	4寸（≒120㎜）300匁（≒1,120g）	部材の荒切削（ハツリ）用等.柄の長さは，2尺くらい（各人の腕の長さにあわせる）.		○		○
横斧	釿（チョウナ）	3寸2分（≒96㎜）	部材の荒切削（ハツリ）用等.柄（曲柄）の長さは，2尺くらい（各人の腕の長さ）.「六寸五分山の四分こごみ」		○		○

一方にのみ切刃がある片《かた》刃《ば》などに分けられる（図16）。

種　類

手道具を用いて木の建築をつくる技術が加工の精度において最高の水準に達したとされる一九世紀末から二〇世紀前半に、伐木を行なう杣人《そまびと》が、切断用の大型のオノと、原木荒切削（大斫）用の大型のオノを使用した。また、部材加工を行なう大工が、荒切削

（斫）用のオノ（チョウナ）を使用していた（表1）。

ユーラシア大陸東端の島、日本のオノが、手道具として最高の水準に到達するまでに、大陸の西と東では、どういう変遷があったのだろうか。

西と東におけるオノ

エジプト出土の銅製のオノ

ユーラシア大陸の西、ヨーロッパ文明の源流のひとつであるエジプトにおいて、約四五〇〇年前の銅製のオノが出土している。初期の銅製のオノは、石製のオノの形状を模したものと考えられる。約三六〇〇年前には、刃部が外湾し、柄との装着部に突起をのばし、皮ヒモを通す穴をあけた銅製のオノが使われるようになる（図17）。

オノは刃の部分だけが出土することが多く、切断用であったのか、荒切削用であったのか、判別が困難である。エジプトでは、約四〇〇〇年前の切断用のオノと、約三六〇〇年前の荒切削用のオノ（チョウナ）が、いずれも柄に装着された状態で出土している（図18）。

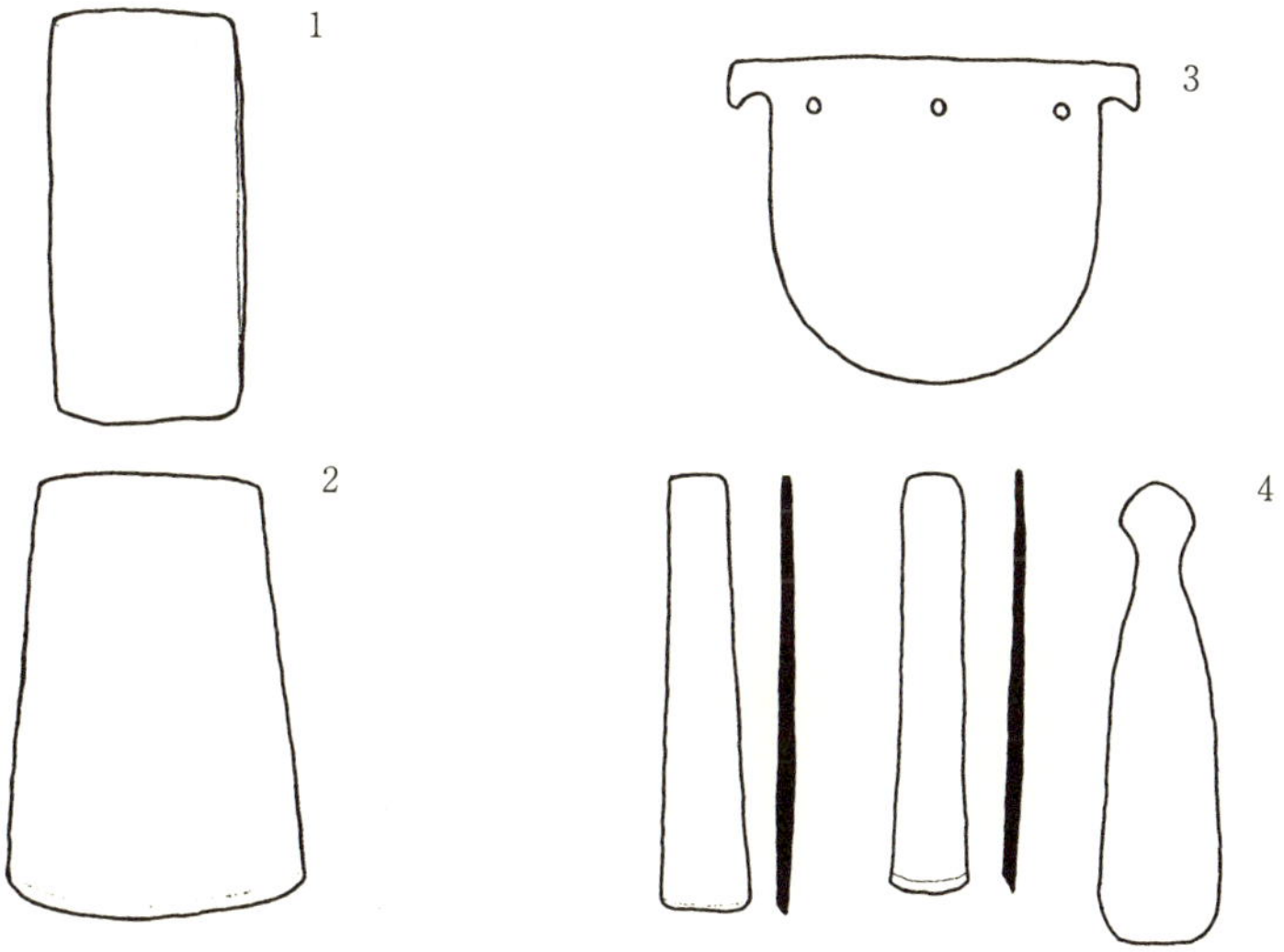

図17　エジプトにおける銅製のオノ［1］

1. B.C. 2500年ころ，2. B.C. 2500年ころ，3. B.C. 1600年ころ，
4. B.C. 2000年ころ

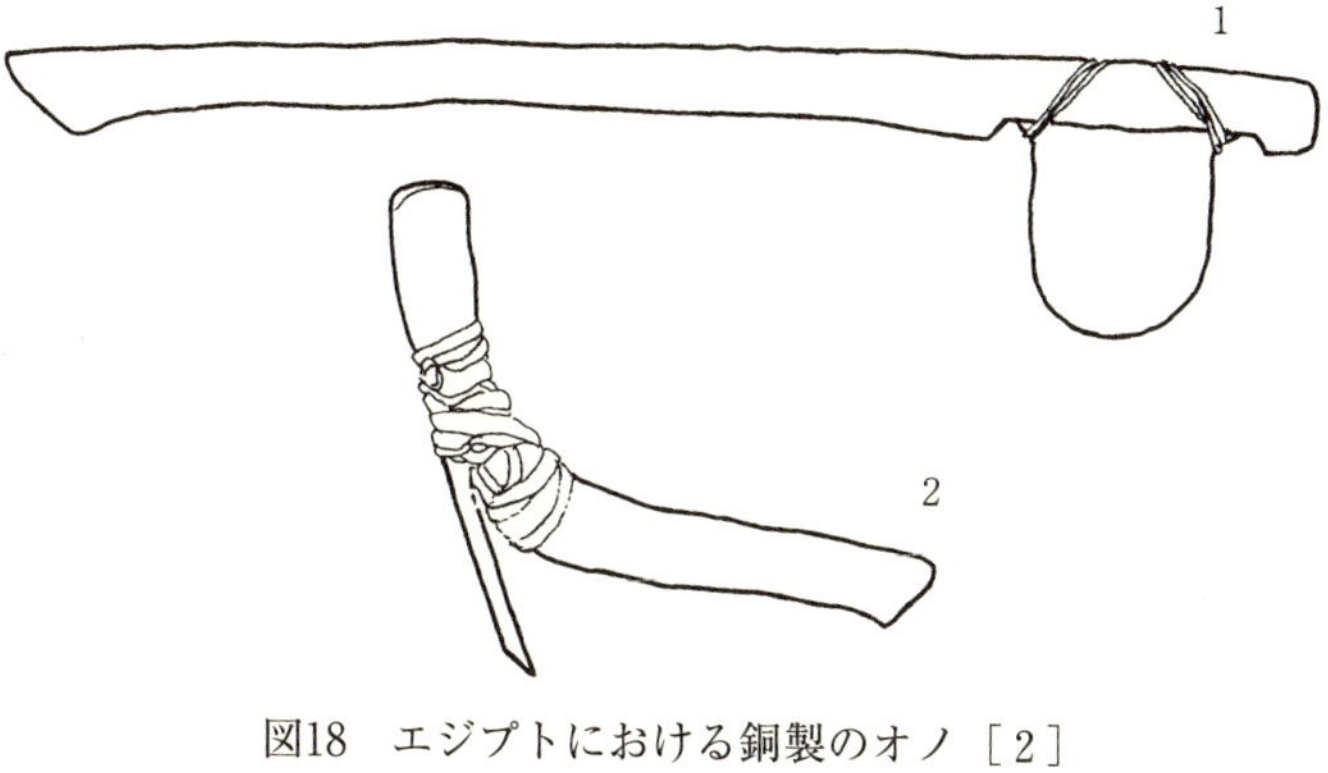

図18　エジプトにおける銅製のオノ［2］

1. B.C. 2000年ころ，2. B.C. 1600年ころ

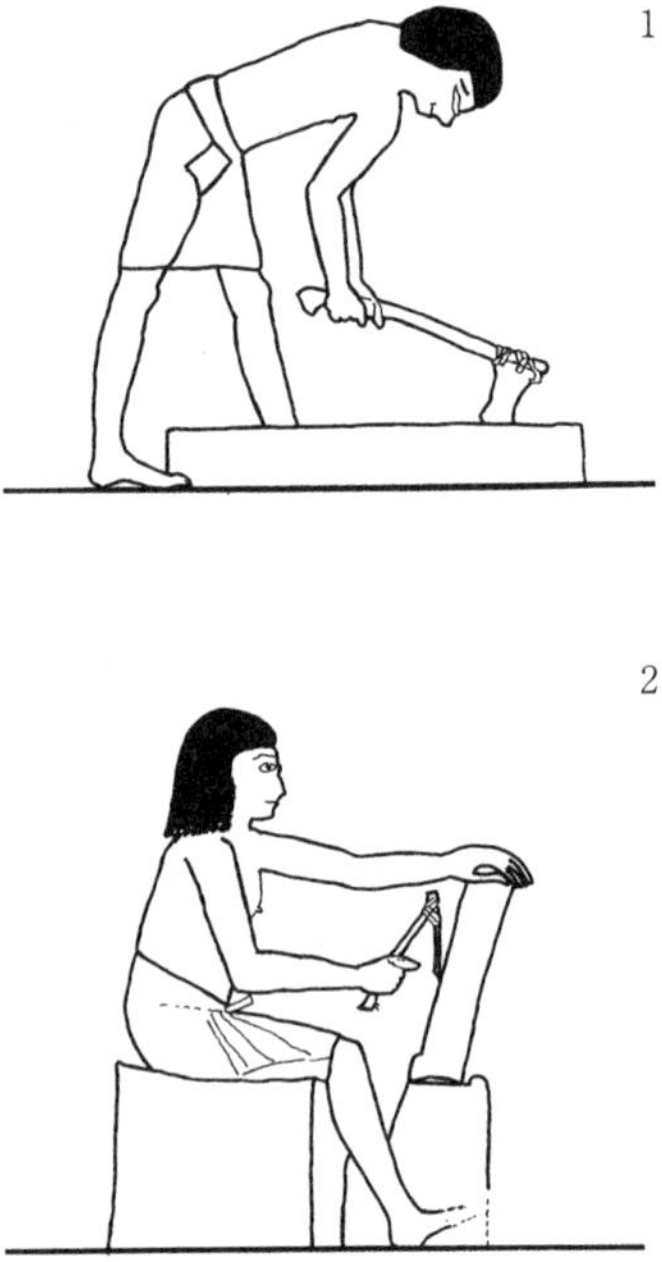

図19　エジプトにおけるオノの使用法
1. B.C. 1440年ころ，2. B.C. 1380年ころ

これによって、比較的刃幅の狭い、約四〇〇〇年前の銅製のオノが、部材荒切削用のチヨウナとして使用されたことがわかる。

青銅製

青銅製のオノ

は、約三六〇〇年前のものがエジプトで出土している。それ以前に使われていた銅製のオノの形状と類似しており、ほぼ同じ時期の壁画に、その使用場面も描かれている（図19）。また、約四〇〇〇年前から二八〇〇年前にかけての青銅製のオノが、現在のハンガリー・スイス・イギリスにあたる地域からも出土している（図20、図21の1）。約二八〇〇年前のギリシアの絵画に、その使用場面が描かれている（図21の2）。

鉄製

約二八〇〇年前の鉄製のオノが、エジプトで出土している。エジプトにおける銅製のオノや青銅製のオノと類似した形状で、この地域における技術的伝統の強さを知ることができる（図22）。

　また、約二〇〇〇年前のローマ時代の遺跡からも鉄製のオノが出土し、同時代の絵画資料に使用場面が描かれている（平田・八杉　一九七八）（図23・24）。

図20　ヨーロッパにおける青銅製のオノ
1. B.C. 1000年ころ，2. B.C. 1000年ころ，3. B.C. 800年ころ

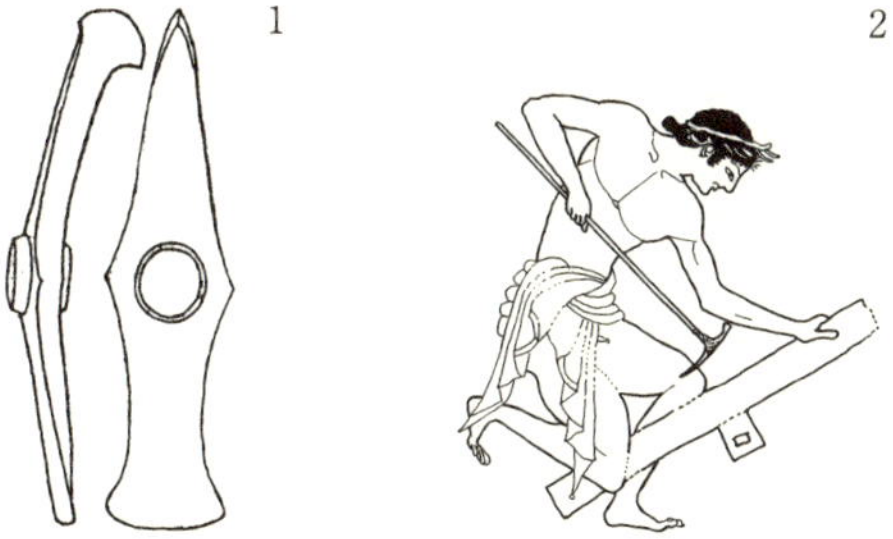

図21　ヨーロッパにおけるオノ
1. 青銅製のオノ：双頭刃形状（B.C. 2000年ころ），
2. オノの使用法（B.C. 800年ころ）

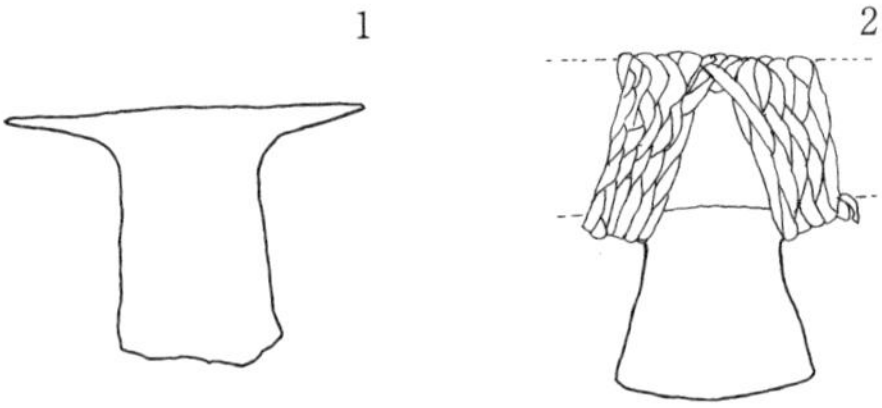

図22　エジプトにおける鉄製のオノ
1. B.C. 800年ころ，2. B.C. 800年ころ

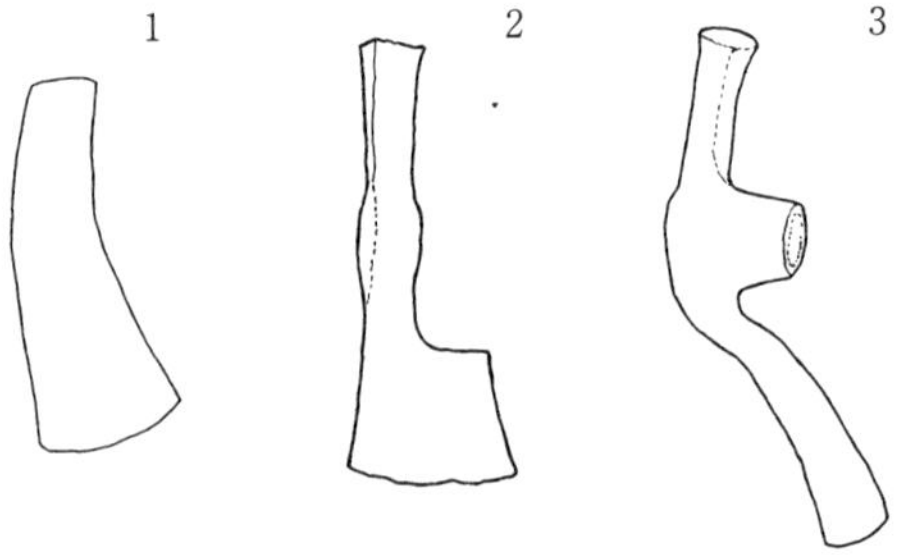

図23　ヨーロッパにおける鉄製のオノ
1～3. B.C. 3世紀からA.D. 4世紀

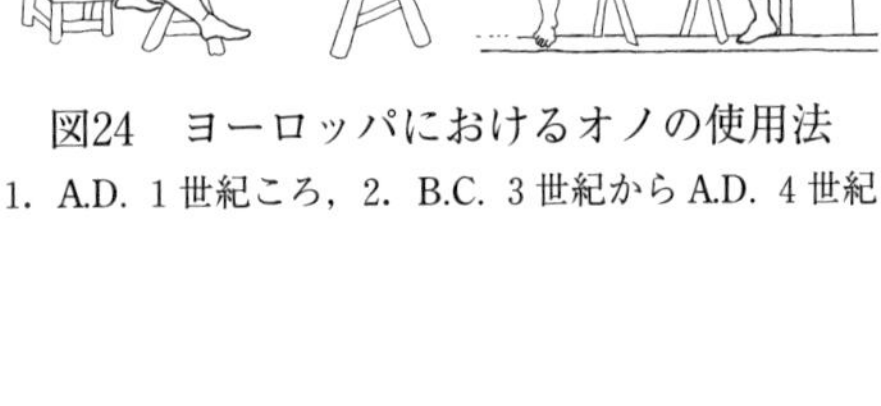

図24　ヨーロッパにおけるオノの使用法
1. A.D. 1世紀ころ，2. B.C. 3世紀からA.D. 4世紀

中国の銅と青銅製のオノ

ユーラシア大陸の東、中国において、約四三〇〇年前の銅製のオノが出土している。エジプト出土の銅製のオノと形状が類似しており、皮ヒモなどを用いて柄に固定したものと推定される（図25）。

約三九〇〇年前の青銅製のオノは、石製のオノを模したと考えられる形状である。また殷《いん》代（紀元前一七世紀から一一世紀）の遺跡から、切断用のオノの他に、荒切削用のオノと推定されるものも出土している（林　一九九五）（図26）。

戦国時代出土の鉄製のオノ

戦国時代（紀元前五世紀から三世紀）の遺跡や漢代（紀元前三世紀から後三世紀）の遺跡から、鉄製のオノが出土している。柄との装着部の形式としては、茎式・袋式・孔式のいずれもが使われていた（潮見　一九八二）（図27）。

原初的な道具

ユーラシア大陸の西と東のいずれにおいても、オノの材質は、石、銅、青銅、鉄の順に変化したと考えられる。

銅製のオノは、ユーラシア大陸の西、ヨーロッパ文明の源流のひとつであるエジプトにおいて約四五〇〇年前のものが、ユーラシア大陸の東、中国において約四三〇〇年前のものが、それぞれ出土している。柄との装着方法は茎式を基本とし、袋式や孔式は現在のと

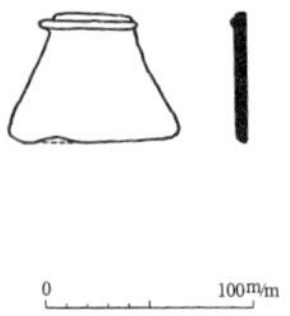

図25　中国における銅製のオノ
（B.C. 2300年ころ）

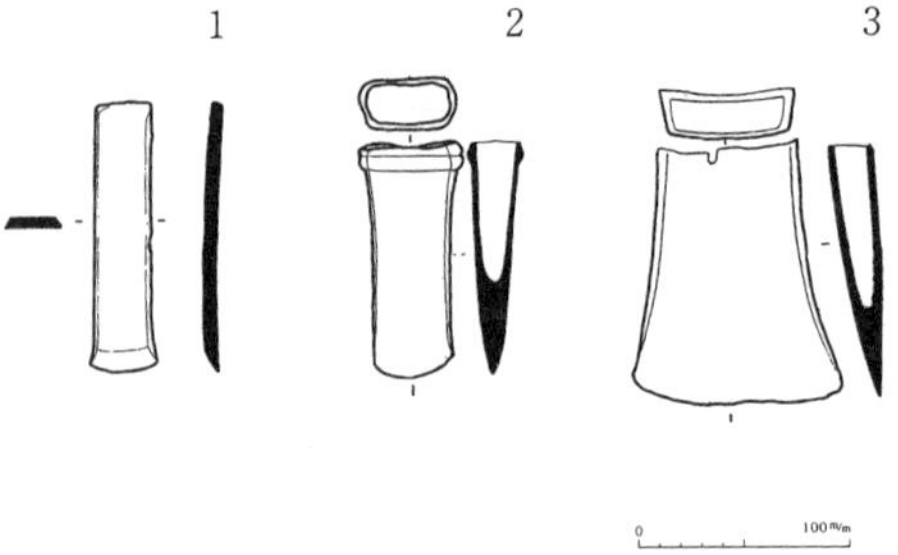

図26　中国における青銅製のオノ
1. B.C. 1900年ころ，2. B.C. 17世紀から11世紀，
3. B.C. 17世紀から11世紀

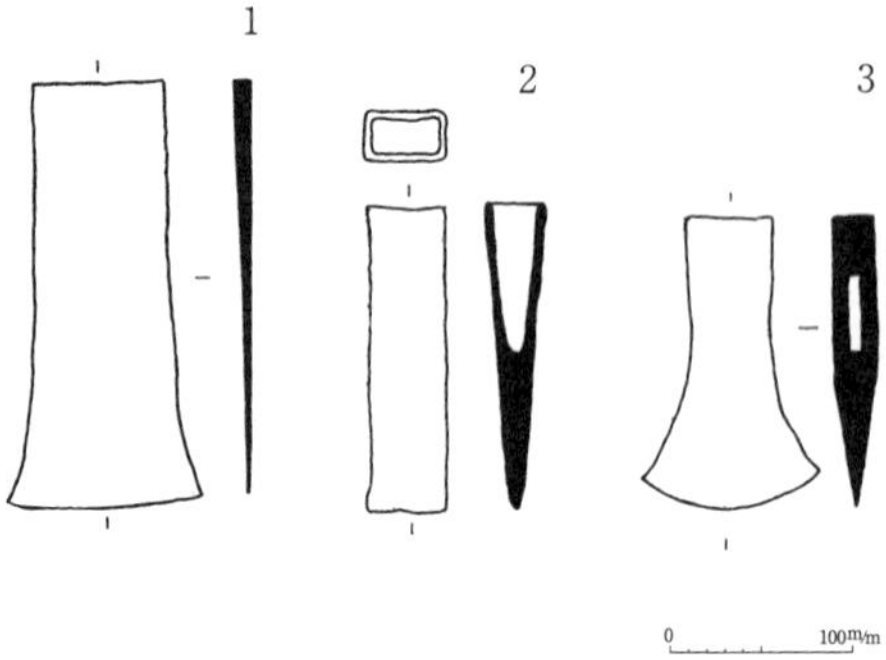

図27　中国における鉄製のオノ
1. B.C. 3世紀ころ，2. B.C. 2世紀から1世紀，
3. B.C. 1世紀からA.D. 3世紀

ころ確認できていない。

青銅製のオノは、大陸の西、ヨーロッパ文明の源流のひとつであるエジプトにおいて約四〇〇〇年前のものが、東、中国において約三九〇〇年前のものが、それぞれ出土している。柄との装着方法は、西と東いずれにおいても、茎式・袋式・孔式が存在していたと考えられる。

そして鉄製のオノは、大陸の西、ヨーロッパ文明の源流のひとつであるエジプトにおいて約二八〇〇年前のものが、東、中国において約二三〇〇年前のものが、それぞれ出土している。柄との装着方法は、西において孔式を基本とし、東において袋式と茎式を基本としていると推定される。

ユーラシア大陸東端の島、日本では、どういうオノが使われていたのであろうか。

日本におけるオノ

弥生・古墳時代

樹木を伐り倒す道具は、弥生時代の前期は石製のオノであったが、中期から後期にかけて鉄製のオノが普及していったと考えられる。弥生時代における鉄製のオノは、柄の方にあけた穴（もしくは溝）に鉄部分を装着する形式（茎式）と、鉄部分をソケット（袋）形状に加工して柄を装着する形式（袋式）との二種類であったと推定される（図28）。

古墳時代になると、この二形式に加えて、鉄部分にあけた孔に柄を装着する形式（孔式）のオノも、少数ながら見られるようになる（図29）。

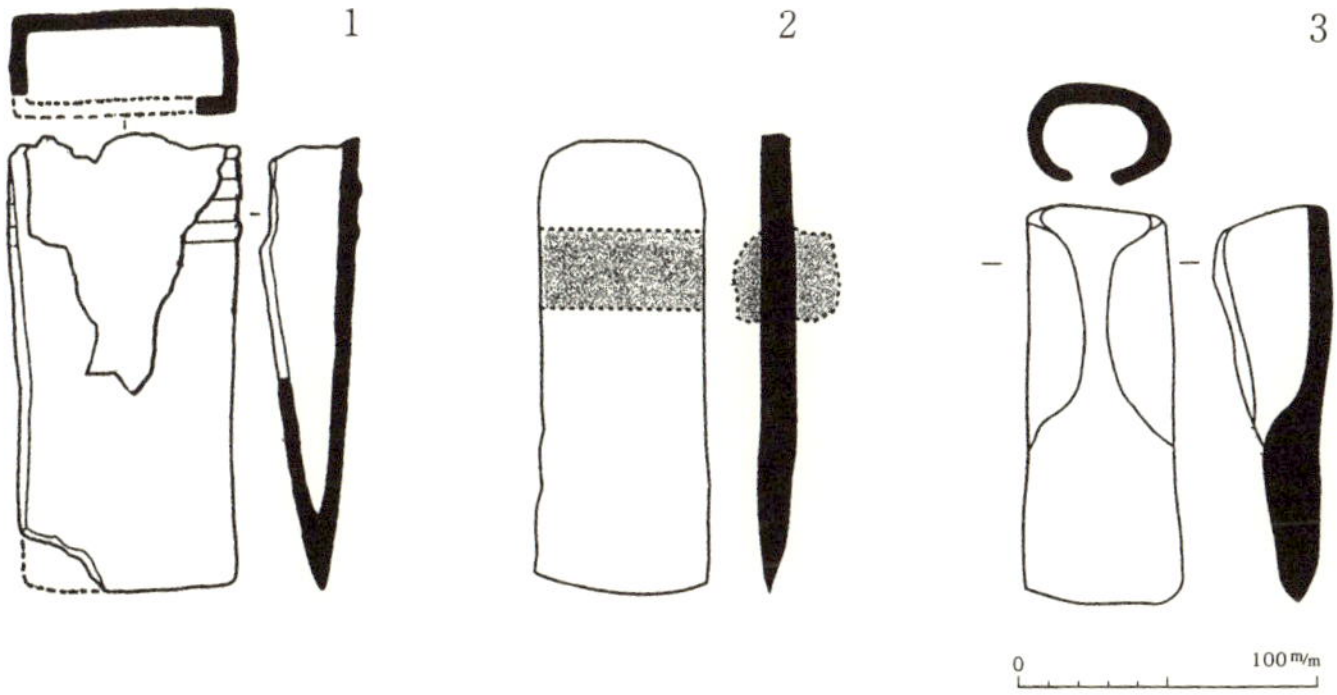

図28　日本における鉄製のオノ［1］

1. 下稗田B遺跡出土（福岡・B.C. 3世紀から1世紀）
2. 菅生A遺跡出土（千葉・B.C. 1世紀からA.D. 1世紀）
3. 吉ヶ浦B遺跡出土（福岡・B.C. 1世紀からA.D. 1世紀）

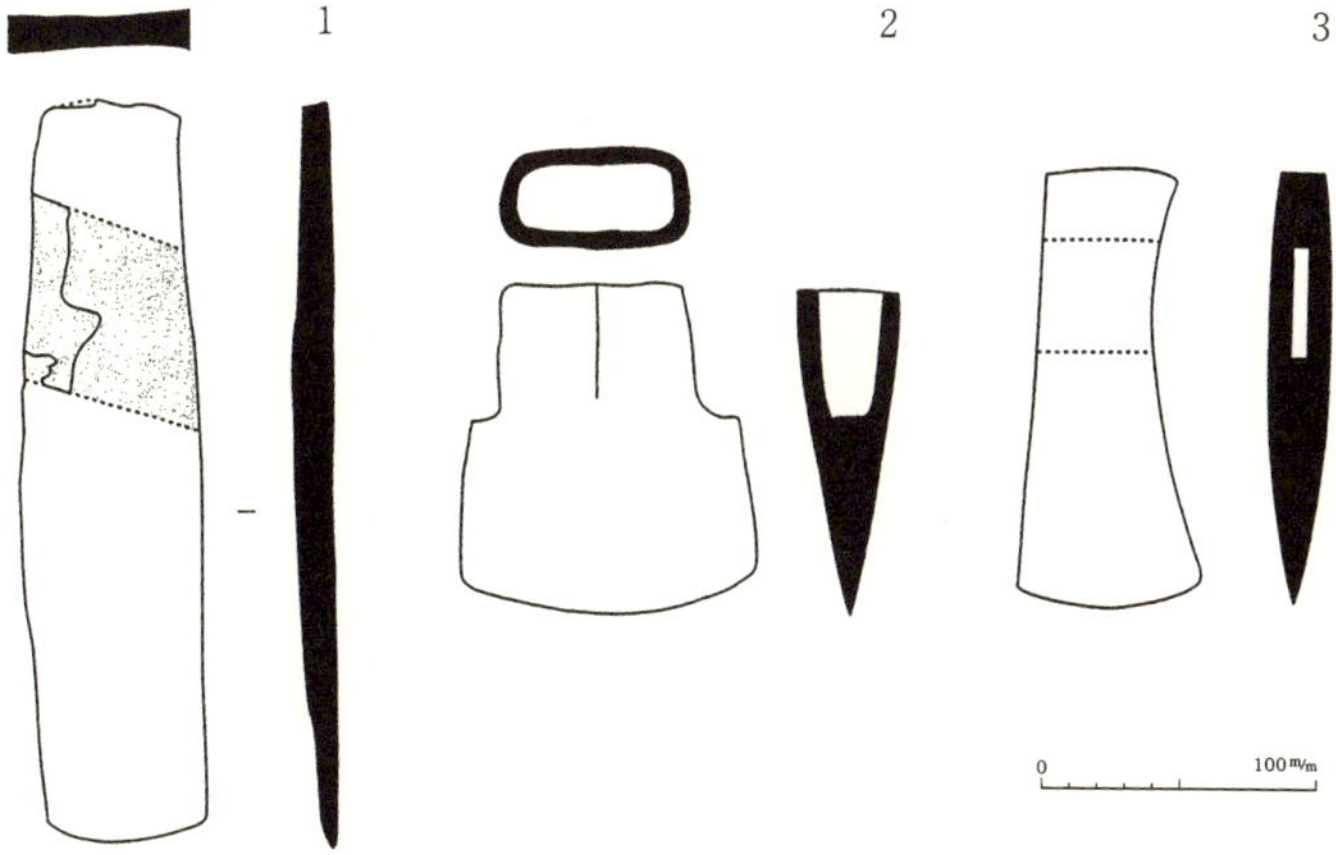

図29　日本における鉄製のオノ［2］

1. 池の内6号墳出土（奈良・A.D. 4世紀から5世紀）
2. 黄金塚古墳出土（大阪・A.D. 4世紀から5世紀）
3. 塚山古墳出土（奈良・A.D. 5世紀）

文献資料の出現

古代以降には、文献資料によってオノの表記や呼称を知ることができるようになる。八世紀から一六世紀までの文献を通観すると、切断用のオノは「斧・オノ・ヨキ」と、原木荒切削（大斫《おおはつり》）用のオノは「鐇・タツキ」と、そして部材荒切削（斫）用のオノは「釿・テヲノ・テウノ」と、それぞれ表記・呼称していたことがわかる。

実物資料と絵画資料によって古代・中世におけるオノの形状・構造を見ると、古墳時代の三形式の内、茎式のオノが確認できない。また、古代だけに限ると孔式のオノも見ることができず、袋式のオノが、古代の主要な形式であったと考えられる。一四世紀の絵画資料に袋式のオノと孔式のオノの使用場面が描かれており、一五世紀以降は孔式のオノに描写が統一されていく。出土した実物資料も、一四世紀頃から孔式のオノが見られるようになる（図30）。

近世の使用法の変化

近世におけるオノは、古代・中世のオノの表記・呼称を継承している。切断用のオノは「斧・ヲノ・ヨキ」「狭刃・セバ」と、原木荒切削（大斫）用のオノは「鐇・タツキ」「刃広・ハビロ」と、そして部材荒切削（斫）用のオノは「釿・テヲノ・てうの・チヤウノ」と、それぞれ表記・呼称していた。

35　日本におけるオノ

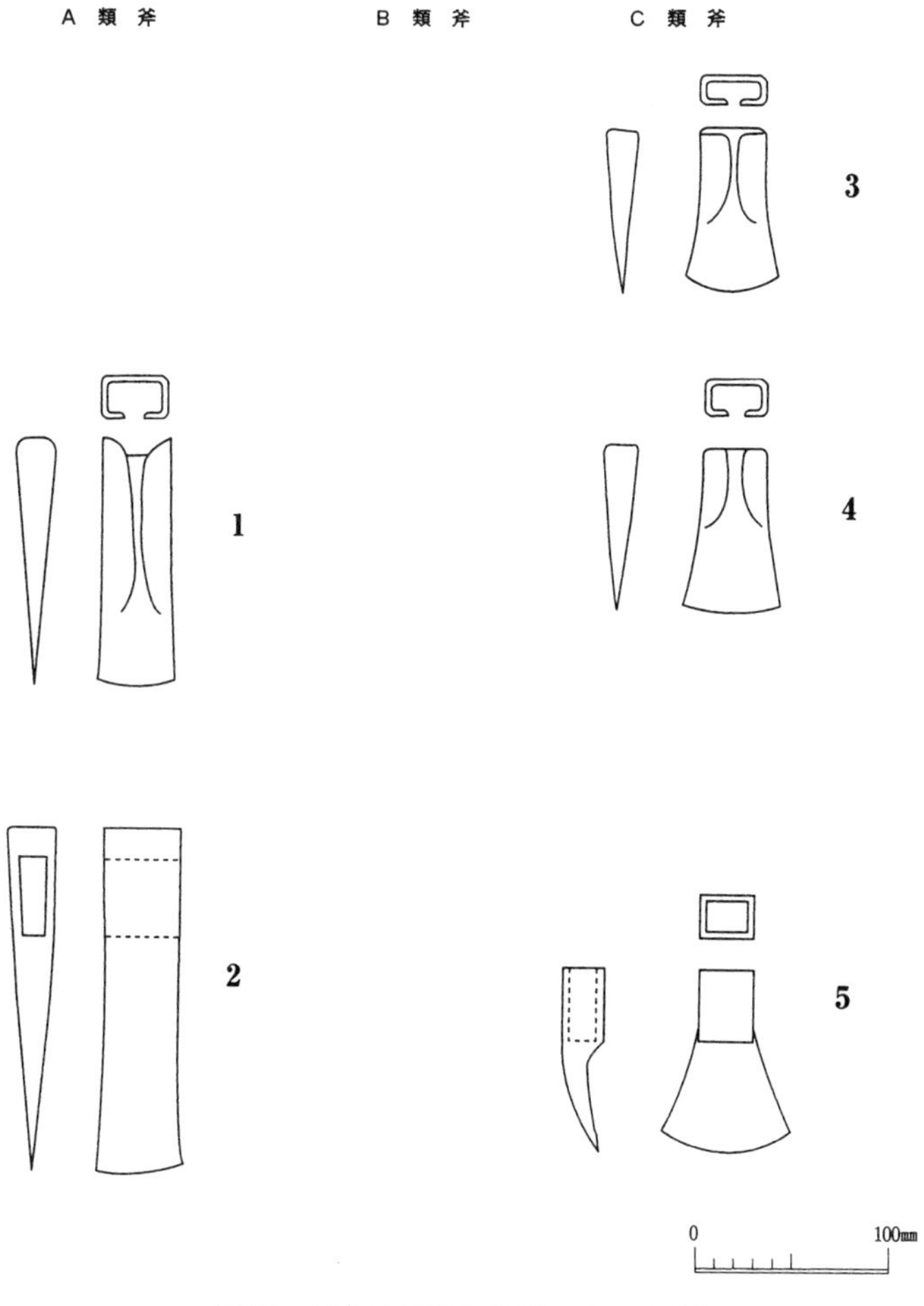

図30　日本における鉄製のオノ［3］

1．鳶尾遺跡出土（神奈川・11世紀），2．金光寺（推定）遺跡出土（福岡・14世紀），3．平城宮跡出土（奈良・8世紀），4．五反島遺跡出土（大阪・9世紀），5．草戸千軒町遺跡出土（広島・14世紀）

形状・構造は、切断用のオノが孔式で刃幅が狭く、文献に「三寸八分」と記述されていた。原木荒切削（大斫）用のオノも、柄との装着部は孔式であるが、刃幅が広い（「八寸」）。そして部材荒切削（斫）用のオノは袋式で、刃幅「五寸」の記述があった。

近世におけるオノの使用法は、ほとんどが立位姿勢をとり、両手で柄を把《つか》み、力をこめて振りおろす様子が絵画に描かれていた（図31・32）。

技術の変化を考える

金属製のオノは、ユーラシア大陸の西と東において類似した発達史を示している。

銅製のオノは、ユーラシア大陸の西、ヨーロッパ文明の源流のひとつであるエジプトにおいて約四五〇〇年前以降のものが、大陸の東、中国において約四三〇〇年前のものが、それぞれ出土しており、その基本構造は、いずれにおいても茎式である。

青銅製のオノは、大陸の西において約四〇〇〇年前以降のものが、大陸の東において約三九〇〇年前以降のものが、それぞれ出土している。その基本構造は、いずれにおいても茎《なかご》式・袋式・孔式の三形式がそろっている。

そして鉄製のオノは、大陸の西において約二八〇〇年前以降のものが、大陸の東において約二三〇〇年前以降のものが、それぞれ出土している。その基本構造は、大陸の西にお

図31　日本におけるオノの使用法

1.（模写）『石山寺縁起絵巻』（1324〜26年），2.（模写）『木曽式伐木運材図会』（1856〜57年）

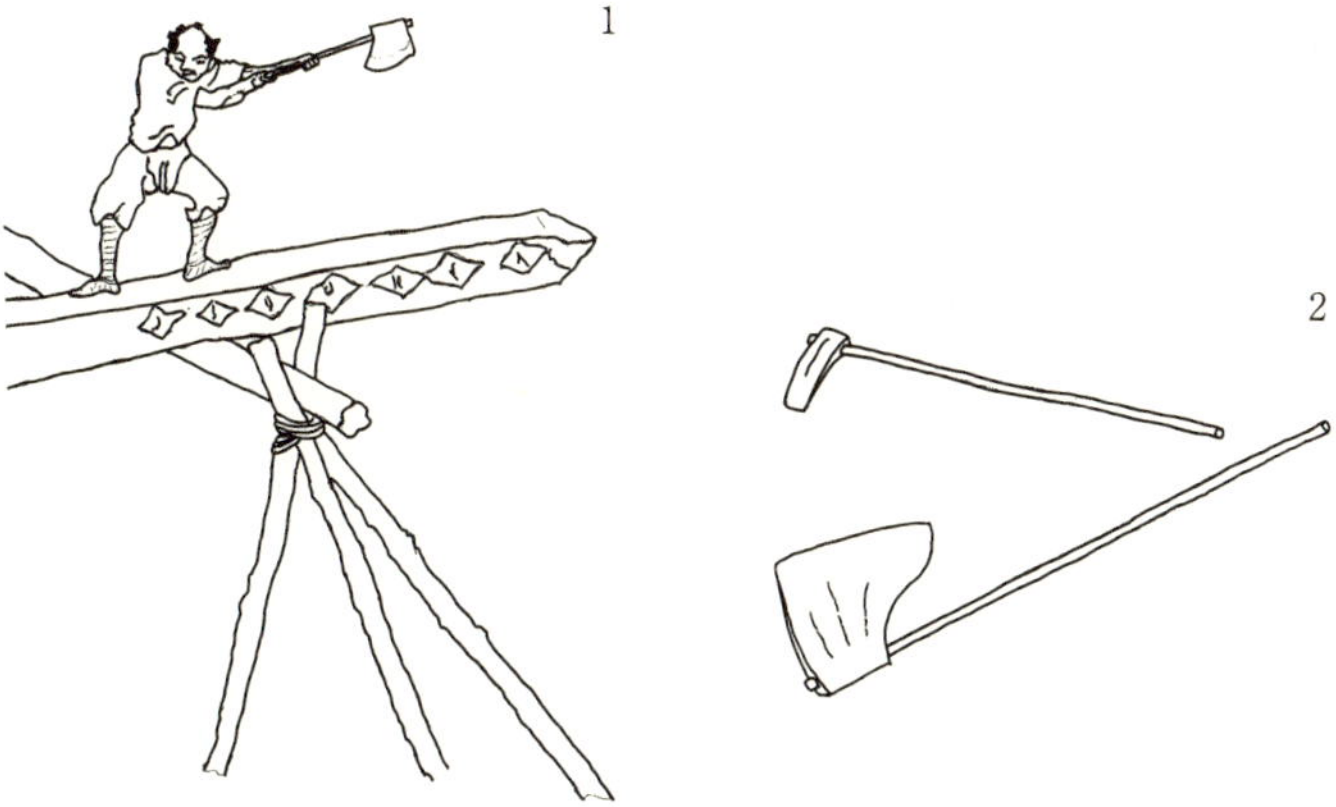

図32　日本におけるオノの使用法と杣人のオノ

1.（模写）『木曽式伐木運材図会』（1856〜57年），2.（模写）『木曽式伐木運材図会』（1856〜57年）

いて茎式と孔式が、大陸の東において茎式と袋式が、それぞれ多く使われる傾向が見られる。西と東において茎式は共通しているが、西における孔式と東における袋式のちがいは、初期の段階における鉄製のオノの製作技術に起因している可能性が考えられる。鉄器製作の初期の段階では、大陸の西において鍛造《たんぞう》技術が、東において鋳造《ちゅうぞう》技術が、それぞれ高い水準にあったことが推定される。

大陸東端の島、日本においても、約二〇〇〇年前（弥生時代）、鉄製のオノを使いはじめた初期の段階では、鋳造による袋式のオノが、大陸から多く船載されたと考えられる。その後、板状の鉄素材がもたらされるようになると、一端を刃部に加工した茎式とともに、一端を刃部に、他端を袋状に、それぞれ加工した鍛造による鉄製のオノが多く使われるようになる。製作技術としては最も高度な孔式の鉄製オノは、約一六〇〇年前（古墳時代）に船載品と考えられるものがわずかに見られるだけである。東端の島、日本において孔式の鉄製オノが出現・普及するのは、約七〇〇年前以降と推定される。それまでの一〇〇〇年近い期間は、柄との装着部である袋部分をいかに強固に製作するか、という点に鍛冶技術の改良工夫が重ねられたと考えられる。

茎式のオノは、柄の部分が破損しやすく、袋式のオノは、袋部分が開いて柄から外れやすい傾向がある。孔式のオノが柄との装着は最も強固で、使用時の強い衝撃にも耐えることができる。しかし、鉄の加工には高度な技術を必要とする。

東端の島、日本において、袋式のオノが長く使われた背景には、大陸の西と東における建築用材よりも比較的軟らかい、ヒノキやスギなどの針葉樹が豊富であったことが考えられる。

大陸の西、ヨーロッパにおいて孔式のオノが早くから使われていた要因も、建築用材がオーク（ナラ）などの硬木（広葉樹）であったこと、大陸の東、中国において袋式のオノに続いて孔式のオノも比較的早く使われるようになるのも、建築用材がクスノキ・クリ・カエデなどの広葉樹が多かったことと、それぞれ関連していると推定される。

この仮説をもとにさらに論をすすめると、大陸東端の島、日本において約七〇〇〇年前に孔式のオノが出現・普及するのは、ヒノキやスギよりも硬い用材（マツやケヤキなど）を切断する必要が生じたことが、ひとつの要因と考えることもできる。

なお、日本における荒切削（斫）用のオノ（チョウナ）は、約二〇〇〇年前以降ずっと袋式である。

ノミが語る西・東・日本の技術

ノミの基本形式

機　能　ノミ（鑿）は、木の建築をつくる工程の中で、建築現場における部材加工用の道具として使用される。

木の建築を構成する部材の接合部（継手仕口《つぎてしくち》）は、一七種類の基本形（後述）とその組み合わせで成り立っているが、その接合部を加工するためにノミを使う。

基本構造　ノミは、機能部分である刃部《じんぶ》と保持部分である柄と、両者の接合部分によって構成されている。

機能部分の刃部は、刃先平面形状が直刃《ちょくじん》と曲刃《きょくじん》に、刃先正面形状も直刃と曲刃に分類できる。そして刃部縦断面形状としては、刃先を通る線が中央にある両刃《りょうば》（真心《しんしん》両刃）、刃先を通る線が片側に偏している両刃（偏心《へんしん》両刃）、刃先を通る線が片側の断面と一致している片刃《かたば》に、それぞれ分類できる。

ノミの保持部分は、直柄《なおえ》形状を基本とし、その材質に、機能部分と同一の材質（銅・青銅・鉄など）のもの、木製のもの、その他の材質（鹿角《ろっかく》など）のもの、といった種類がある。

そしてノミの接合部分は、柄の軸線方向にあけられた穴に茎《なかご》を装着する形式（茎式）と、刃部の反対側を袋状に成形して柄を装着する形式（袋式）に大別できる。また、柄の破損を防ぐために補強用のリング（鐶《かん》）を取り付ける場合もある（図33）。

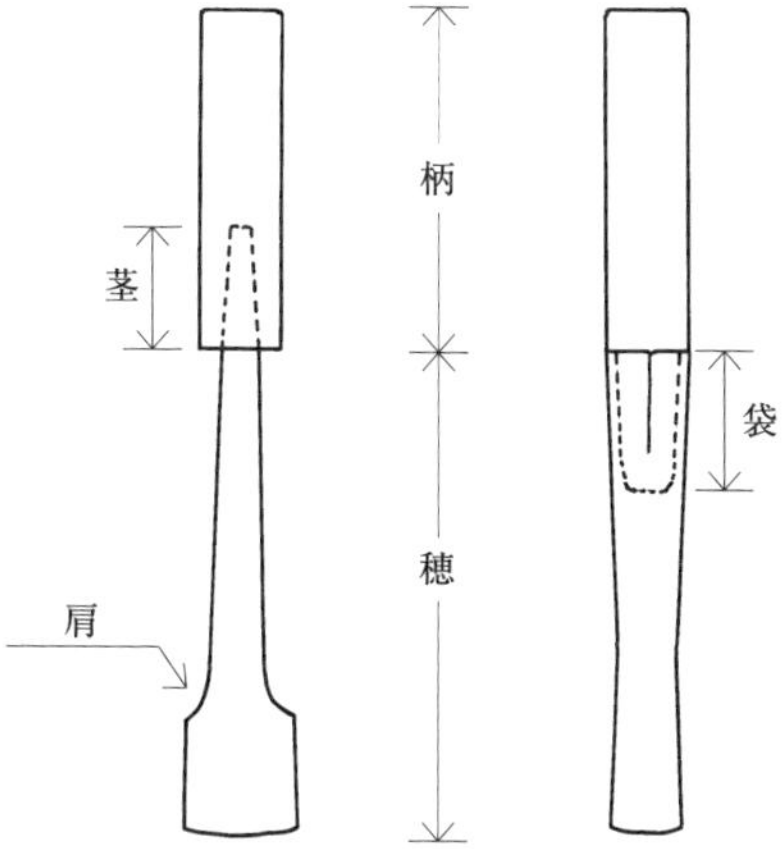

図33　ノミの基本構造
左：茎式，右：袋式

種類

手道具による木の建築をつくる技術が、最高の精度に達したといわれる一九世紀末から二〇世紀前半、建築部材加工を行なう大工の使うノミには、次のような種類があった。

表2　日本の近代におけるノミ

分類	名称	法量 刃幅寸法［尺・寸分厘］	点数	摘要
構造材加工用	叩鑿（平鑿）	0.16，0.14	2	枘穴「側」の「鑿立て」用　他
		0.16，0.14	2	
	叩鑿	0.08〜0.04	4	枘穴「小口切」用，枘穴荒掘用　他
		0.08〜0.05	4	
	突鑿	0.18〜0.06	5	枘穴仕上用，表面切削用　他
造作材加工用	大入鑿	0.12〜0.01	11	造作材の接合部加工用
	向待鑿	0.04〜0.015	5	建具などの枘穴掘くずし用　他
	鎬鑿	0.08〜0.03	4	枘穴隅や蟻溝入隅等の切削用　他
	平鏝鑿	0.06，0.04	2	溝突止め部分の切削用　他
	掻出鑿	0.03	1	貫通しない穴の鑿屑掻出用
	打出鑿	0.04	1	向待鑿使用後の鑿屑打出用
接合材打込穴加工用	込栓穴掘鑿	0.05	1	木栓打込用の穴掘用
	平鐔鑿		1	大釘打込用の穴掘用
	丸鐔鑿		1	
丸太材加工用	丸鑿	0.08〜0.03	5	丸太材の穴掘用　他

構造材の接合部加工用として、タタキ（叩）ノミとツキ（突）ノミが二種類一七点、造作材《ぞうさくざい》の接合部加工用として、オイレ（大入）ノミ・ムコウマチ（向待）ノミ・シノギ（鎬）ノミ・ヒラコテ（平鏝）ノミ・カキダシ（掻出）ノミ・ウチダシ（打出）ノミが六種類二四点、木栓や釘などの接合材の打《うち》込穴《こみあな》加工用として、コ

ミセンアナホリ（込栓穴掘）ノミ・ヒラッパ（平鐔）ノミ・マルッパ（丸鐔）ノミが三種類三点、そして丸太材の接合部加工用としてマル（丸）ノミが一種類五点、以上、少なくとも合計一二種類四九点のノミが使われていた（表2）。

ユーラシア大陸東端の島・日本のノミが、手道具として最高の水準に到達するまでに、大陸の西と東では、どういう変遷があったのだろうか。

西と東におけるノミ

銅・青銅から鉄へ

ユーラシア大陸の西、ヨーロッパ文明の源流のひとつであるエジプトにおいて、約五〇〇〇年前以降の銅製のノミが出土している。また、約四五〇〇年前以降の絵画資料に、ノミを槌《つち》で叩いている場面が描かれている（図34）。これらの資料により、銅製のノミは茎式を基本とし、袋式のものは現在のところ確認できない。また、茎部分と穂部分を区別するマチ（区）が形成されているものは見られず、木柄《もくへい》の割れを防ぐための補強用の鐶（後世の冠《かつら》や口鉄《くちがね》に相当）の存在も不明である。

青銅製のノミは、約二八〇〇年前以降の後期青銅器時代のものが、現在のイギリスにあたる地域の遺跡から出土している。柄との接合形式は、茎式のものと袋式のものとのいずれもが見られる（図35）。また、袋式の場合、口縁部をやや厚くつくったものや、口縁部に二本の鐶をつくり出したものなどが見られる。青銅製のノミの柄に、補強用の鐶が装着されていたかどうかについては、不明である。

鉄製のノミは、紀元前一世紀ころのローマ時代の遺跡から出土したものなどがある。柄との接合部が茎式のノミには、柄を補強するための鐶がつくもの、鉄製の茎部分を直接叩いた痕が残るものなどが見られ、袋式のノミとしては穂部分が有肩《ゆうけん》のものなどが発見されている（図36）。鉄製ノミの使用法については、ローマ時代の壁画に、腰かけ姿勢の工人が茎式らしきノミを鉄製の槌で叩いている様子などが描かれている（平田・八杉　一九七八）（図37）。

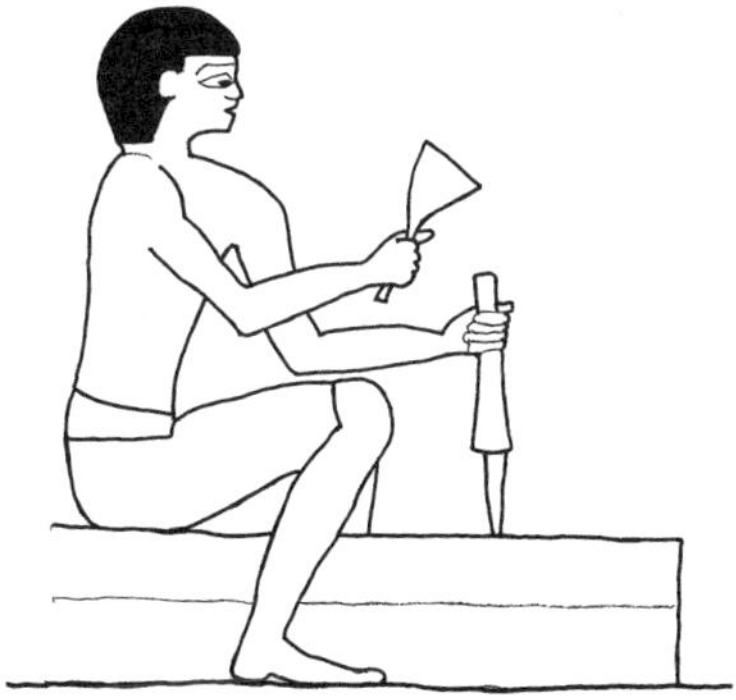

図34　エジプトにおけるノミの使用法（B.C. 1500年ころ）

中国・朝鮮での変化

ユーラシア大陸の東、中国における殷《いん》代（紀元前一七世紀から一一世紀）の遺跡から、青銅製のノミが出土している（図38）。柄との接合形式は、茎式と袋式とのいずれもが見られる。茎式のノミの中には、穂部

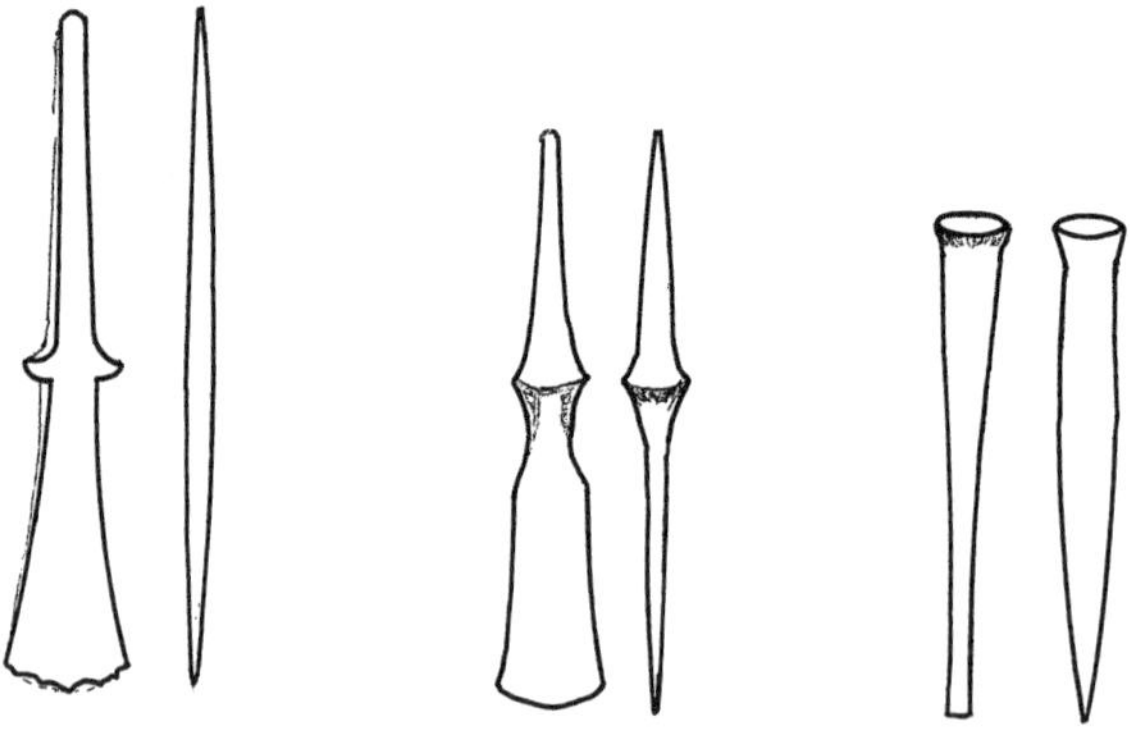

図35　ヨーロッパにおける青銅製のノミ
（B.C. 800〜400年ころ）

図37　ヨーロッパにおけるノミの使用法（B.C. 1世紀ころ）

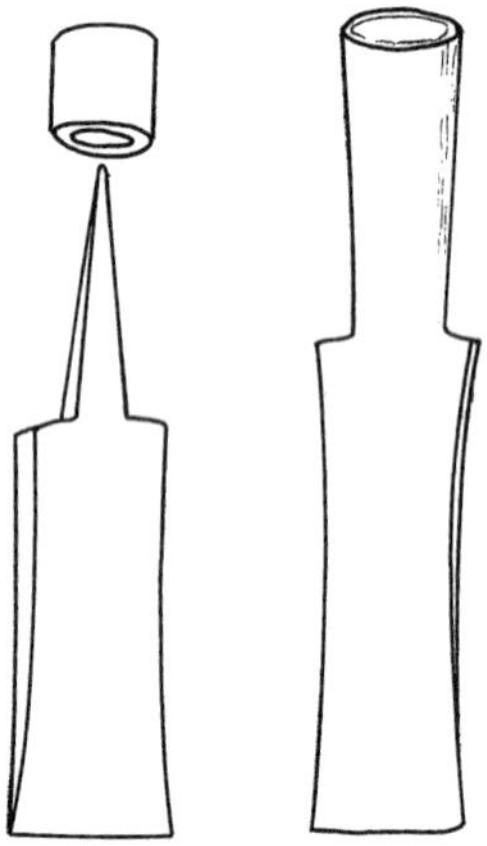

図36　ヨーロッパにおける鉄製のノミ（B.C. 1世紀ころ）

分の横断面が台形で、刃部縦断面が片刃のものがあり、袋式のノミの中には、袋部横断面が台形や円形のものなどがある（林　一九九五）。

鉄製のノミは、戦国時代（紀元前五世紀から三世紀）の遺跡から、袋部横断面が方形で、刃部縦断面が片刃のノミが発見されている。また、中国に近い朝鮮半島北部の遺跡より、

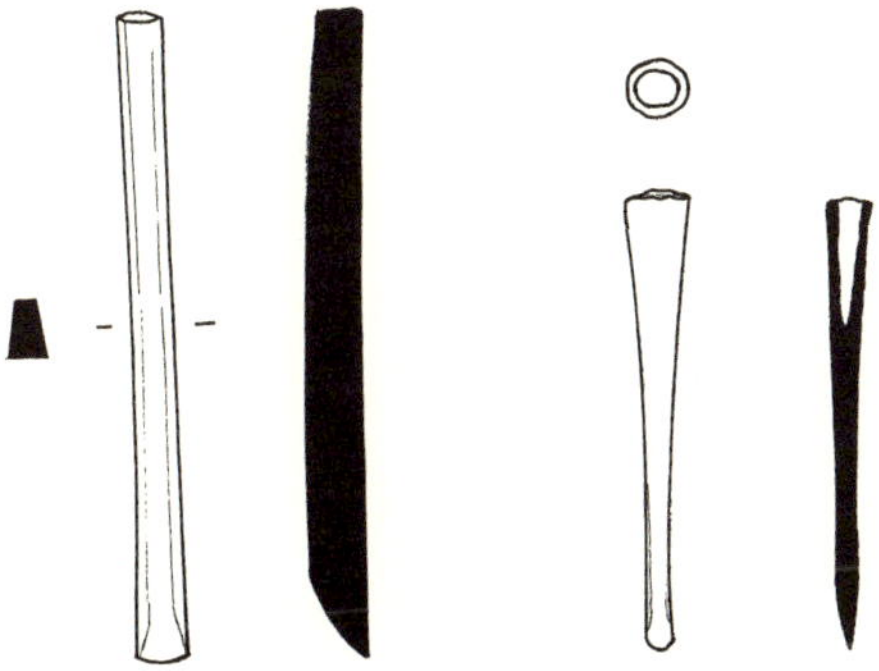

図38　中国における青銅製のノミ
（B.C. 17〜11世紀）

図39　中国におけるノミの使用法
（A.D. 2世紀ころ）

紀元前三世紀から二世紀ころの鉄製のノミが出土している。袋部横断面は方形で、刃部縦断面は両刃である。鉄製のノミの使用法については、紀元後二世紀ころ（漢代）の画像石に、片膝立ての工人《こうじん》（車大工）が穂の長いノミに装着された柄を槌で叩いている様子が描かれている（潮見　一九八二）（図39）。

うがつ道具として

ユーラシア大陸の西と東において、ノミの材質は石、銅、青銅、鉄の順に変化し、約二〇〇〇年前には、西のローマ帝国で鉄製ノミが普及し、同じ時期にあたる東の漢帝国でも同様であったと考えられる。

その後、西と東において小国が分立する時代がおとずれるが、木の建築をつくる道具のそれぞれについて改良が加えられ、あるいは道具編成に新しいものが取り入れられ（または廃棄され）ていったものと推定される。

ユーラシア大陸東端の島、日本では、どういうノミが使われていたのであろうか。

日本におけるノミ

日本における金属製のノミは、約二〇〇〇年前以降の弥生時代の遺跡から出土しているが、ほとんどが鉄製である。

弥生・古墳時代

弥生時代から古墳時代にかけての鉄製のノミは、柄との接合形式が茎式のものと袋式のものとが併用されていた。茎式の場合、穂と茎との境界にマチがあるものと無いものとがある。また、袋式の場合、袋部横断面が円形のものや長円形のものなどが使われていた。なお、弥生・古墳時代における鉄製のノミの柄部分に、補強用の鐶が装着されていたかどうかについては不明である。

仏教建築の導入

仏教寺院建築の様式と技術が大陸から導入された古代には、建築部材（法隆寺金堂《こんどう》・五重塔、七世紀後半）に残る刃痕により、刃幅六分（約一八ミリ）から一寸五分（約四五ミリ）まで、ほぼ一分きざみに少なくとも一〇種類のノミが使い分けされていたことを知ることができる。これらの中で、ホゾ穴加工用には、刃幅八分（約二四ミリ）のノミが多く使われており、これは近代の建築大工がホゾ穴をうがつ時に主として用いる刃幅と同じである。

中世での変化

中世になると、建築工事場面を描いた絵画資料によって、当時のノミの形状や使用法を知ることができる。一四世紀ころまでの絵画には、ノミを建築部材の割裂《かつれつ》（打割《うちわり》製材）に使用している場面が多く、一五世紀以降は何らかの接合部加工に使用している場面が多く描かれる傾向にある。

このノミによる打割製材の痕跡を残す中世の部材（吉川八幡宮、一五世紀、岡山県）が発見された（図40）。部材には刃幅七分（約二一ミリ）と八分（約二四ミリ）のノミの刃痕があり、割裂作業を途中で中止したことにより、ノミが木の繊維を断ち切る方向に打ち込まれていたことが判明した。この貴重な発見をもとに、解体調査と修復を担当した組織（文化財建造物保存技術協会）を中心として、復元実験が実施された。この実験の結果、打割製材には、刃部縦断面が両刃のノミが適していることを確認できた。

古代から中世にかけての遺跡から出土したノミは、茎式と袋式が併存し、刃部縦断面も両刃と片刃（偏心両刃）が併用されているが、中世末の一六世紀以降、茎式で片刃のノミに統一されていく傾向が見られる（図41）。これは、製材法が、ノミによる打割製材からノコギリによる挽割製材へ移行したことと密接に関連していると考えられる。前述した絵画資料の描写の変化も、そのことを裏付けているといえよう。

図40　打割製材痕の残る建築部材
（岡山・吉川八幡宮，15世紀）

近世のノミの姿

近世になると、木の建築をつくる道具に関して詳しく記述した文献資料によって、名称・用途・形状（寸法）・構造・使用法などを知ることができる。

一八世紀に記述された二つの基本文献（『和漢三才図会《わかんさんさいずえ》』一七一二年〈正徳二〉、『和漢船用集《わかんせんようしゅう》』一七

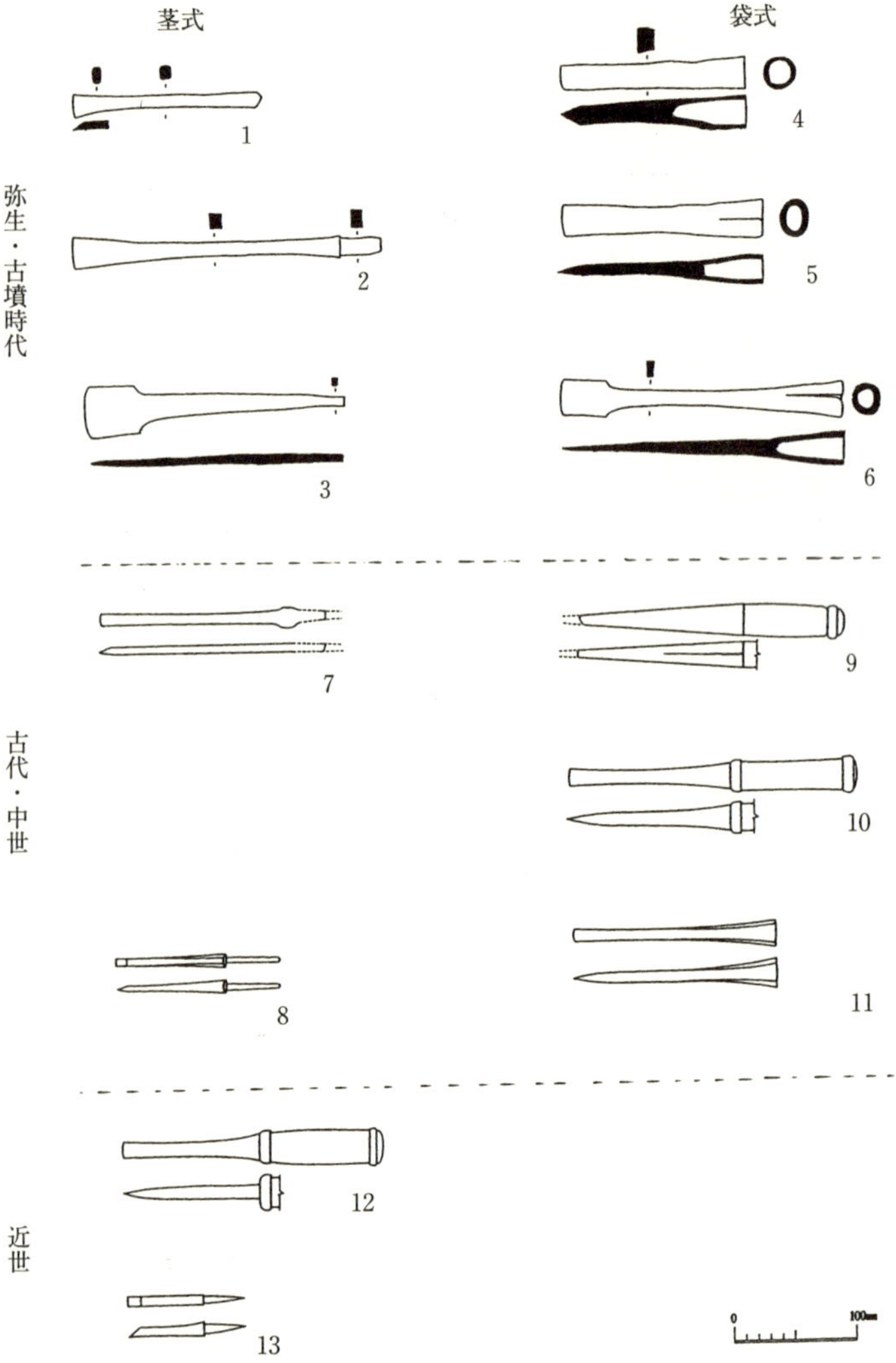

図41　日本における鉄製のノミ

1. 会下山遺跡出土（兵庫・弥生），2. 紫金山古墳出土（大阪・4世紀），3. 塚山古墳出土（奈良・5世紀），4. 宮の前遺跡出土（福岡・弥生），5. 老司古墳出土（福岡・4世紀），6. 兵家古墳出土（奈良・5世紀），7. 尾上出戸遺跡出土（千葉・8世紀），8. 草戸千軒町遺跡出土（広島・14～15世紀），9. 柳之御所遺跡出土（岩手・12世紀），10. 光明寺二王門発見（京都・13世紀），11. 草戸千軒町遺跡出土（広島・14～15世紀），12. 立石遺跡出土（東京・16世紀），13. 八王子城遺跡出土（東京・16世紀）

六一年〈宝暦一一〉をもとに、近世におけるノミの用途を分類すると、㋐接合部加工用、㋑接合材打込穴加工用、㋒曲線穴加工用に大別できる。㋐には、「ノミ」「サスノミ・ツキノミ」、㋑には「ツハノミ」「ウチヌキ」、そして㋒には「ツホノミ」「マルノミ」などが、それぞれ使用されていた（図42）。

標準的な形状の「ノミ」は、刃幅「三厘《りん》」「五厘・分半」「一分《ぶ》」から一分きざみに「六分」まで、二分きざみに「八分」「一寸」と一〇種類、「一寸二分」の「小広鑿《こひろのみ》」、「一寸六分」「一寸八分」「二寸」の「広鑿《ひろのみ》」の四種類、計一四種類が使われていた。

構造と関連して、ノミの部分名称に「柄」、「のみつか」、「頭」、「裏」、「口鉄」、「かつら」などの記述が見られる。

そしてノミの使用法は、「皆」「以槌敲穿（槌をもって敲《たた》いて穿《うが》つ）」、すなわち木製槌でノミを叩く、と明記されている。中世も含めて近世までの絵画資料を通観すると、一八世紀までノミは木製槌とセットで使用されており、一九世紀初めの絵画に、鉄製槌（ゲンノウ）でノミを叩いている様子が描かれている（図43）。

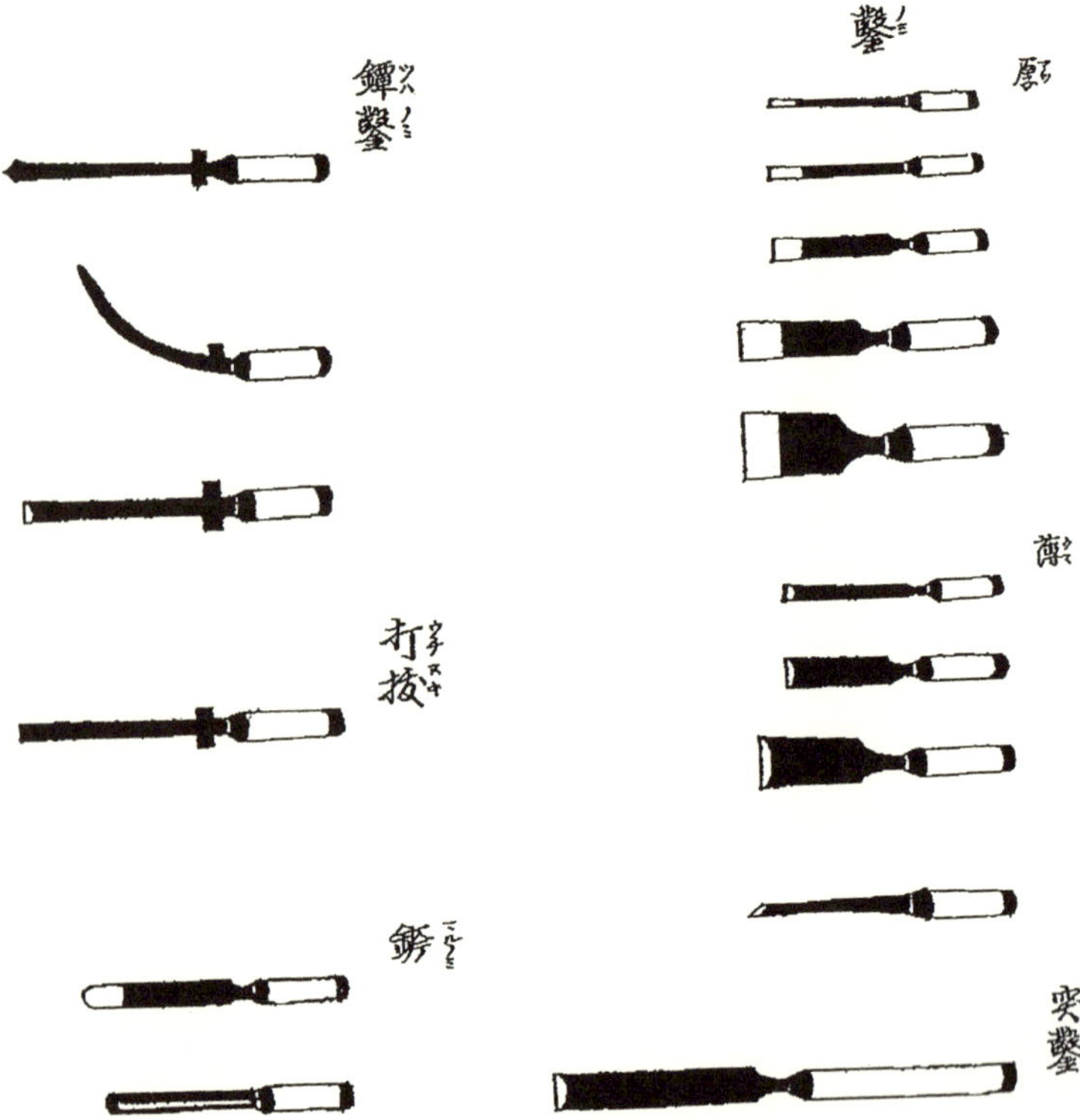

図42　日本の近世におけるノミ（模写，『和漢船用集』1761年）

「早く、安く、いいもの」

これらの文献と絵画より、ノミを鉄製槌で叩くようになったのは、一八世紀後半から一九世紀初めにかけての時期と推定される。この時期は、建築工事の主たる発注者となった商人勢力が、建築大工に対して、「早く、安く、いいもの」という要求を強め、作業効率向上の圧力が大きくなった時期である。木製槌の場合、一定の重さを保とうとすれば、槌頭部が大きくなるため、最良のポイントでノミの柄尻のポイントを連続してとらえることが困難である。さらに、強い打撃によって、木製槌の破損も多いと考えられる。破損すれば作業効率が低下する。ただ、全国の建築大工が使用する槌を木製から鉄製に移行させるためには、相当量の鉄が必要である。ち

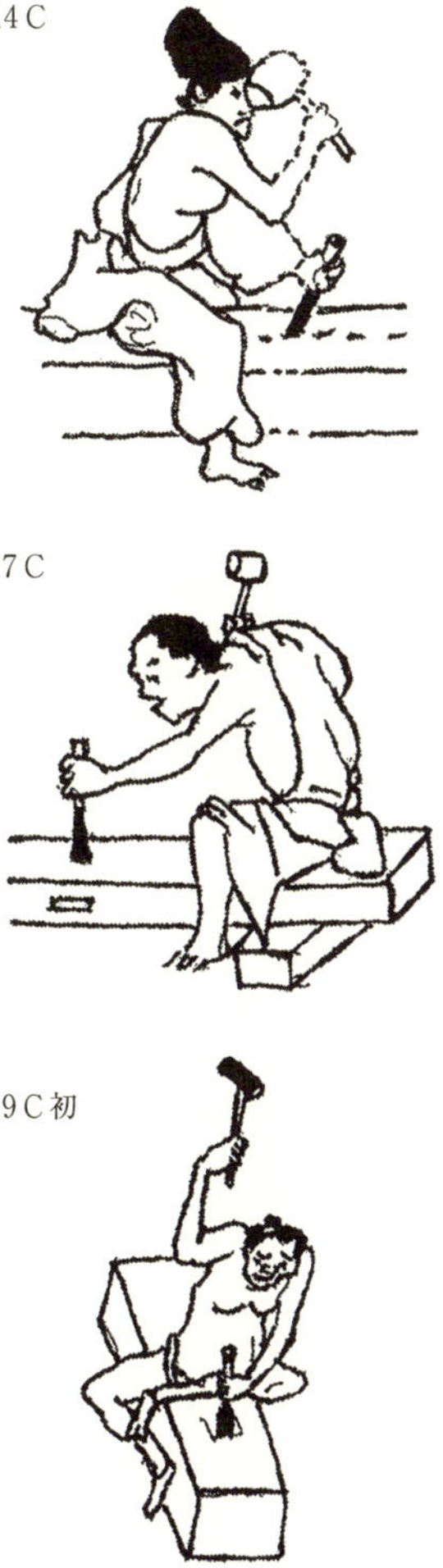

図43　日本の中世・近世におけるノミを叩く槌の変遷（模写）
『石山寺縁起絵巻』14世紀,『三芳野天神縁起絵巻』17世紀,『近世職人尽絵詞』19世紀初め

ょうど一八世紀後半に、合理的なたたら炉の装置が完成し、鉄生産の供給量が向上したことにより、その移行が可能になったと推定される。

もうひとつのうがつ道具・キリ

二種類のうがつ道具

木の建築をつくる道具の中で、うがつ道具には、ノミとキリの二種類がある。その使用法は、ノミは槌によって叩き、キリは回転させる。道具には三種類の基本的使用法（S使用・H使用・P使用）があることを前述したが、キリは第四の使用法（R使用）ということもできる。

基本形式

キリも他の主要道具と同様に、刃部を有する機能部分、手で把む保持部分、両者をつなぐ接合部分から構成されている（図44）。

キリの機能部分は、穂先刃部平面形状が直刃・曲刃・凸刃・複合刃《ふくごうじん》などに、穂先刃部正面形状が直刃・曲刃・三角形・四角形・複合形などに、それぞれ分類できる（図45）。

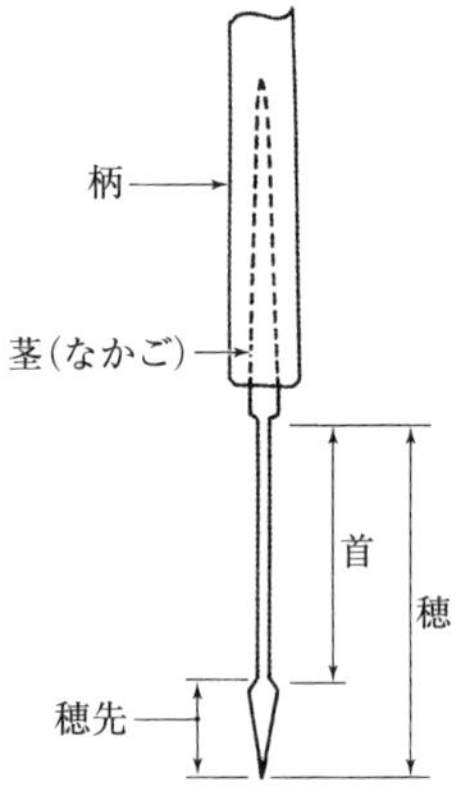

図44　キリの基本構造

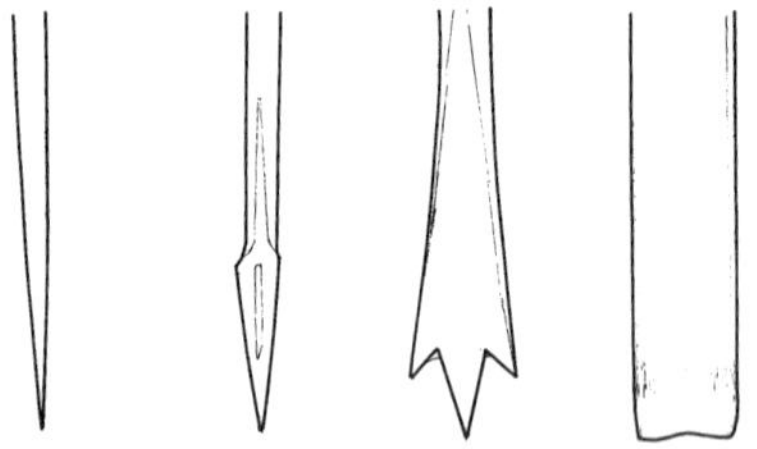

図45　キリの刃部形状

キリの保持部分には、直柄《ちょくへい》形式・曲柄《きょくへい》形式・複合（弓）形式・複合（舞《まい》）形式などの種類がある。

キリの接合部分は、穂部分と同軸方向に直柄を装着する形式が茎式と袋式などに、穂部分の軸線と直交させて直柄を装着する形式が茎式と鐶式などに、それぞれ分類される。

そしてキリの機能方向は、単方向回転と双方向回転に大別できる（図46）。

□錘の機能部分	
・刃部平面形状［C］	直刃…………………C_1
	曲刃…………………C_2
	凸刃…………………C_3
	複合刃………………C_4
	その他………………C_5
・刃部正面形状［C］	直刃…………………C_6
	曲刃…………………C_7
	三角形………………C_8
	四角形………………C_9
	複合形………………C_{10}
	その他………………C_{11}
□錐の保持部分［H］	直柄形式……………H_1
	曲柄形式……………H_2
	複合(弓)形式………H_3
	複合(舞)形式………H_4
	その他………………H_5
□錐の接合部分	
・接合部分の形式［J］	直柄同軸(茎)形式… J_1
	直柄同軸(袋)形式… J_2
	直柄直交(茎)形式… J_3
	直柄直交(鐶)形式… J_4
	その他……………… J_5
□錐の作用方向	
・回転方向［U］	単方向回転…………U_1
	双方向回転…………U_2
	その他………………U_3

図46　キリの基本形式（キリによる回転をR使用〈Rounding〉と仮称しておく）

ユーラシア大陸の西

大陸の西、ヨーロッパ文明の源流のひとつであるエジプトにおいて、複合（弓）形式のキリと推定される柄が発見されている。ひとつは紀元前一八〇〇年ころ、別の一点は紀元前一五〇〇年ころに使われていたと考えられる（図47）。また、銅製の穂部分を複合（弓）形式の柄に装着した紀元前一二〇〇年ころのキリが発見されており、このキリは、石英砂《せきえいしや》などの研磨剤とともに使用したと推定される（図48）。

当時のキリの使用法については、紀元前二五〇〇年ころのエジプトの壁画に一人の工人が中腰で複合（弓）形式のキリを使用している様子（図49）が、紀元前一五〇〇年ころのエジプトの壁画に二人の工人が立位で複合（弓）形式のキリを使っている様子（図50）と、一人の工人が腰かけた姿勢で同形式のキリを使っている様子（図51）がそれぞれ描かれている。これらのいずれもがキリを使用する対象は机や家具などで、建築構造材などの大型部材ではない。

大陸の西、ヨーロッパ文明の源流のひとつであるエジプト（テーベ）において、紀元前八世紀ころのアッシリアでつくられた鉄製のキリが出土している（図52）。この内の一点の刃部は、中心軸をめぐる削器のような形状で、他の一点の刃部（正面）はS字形状であ

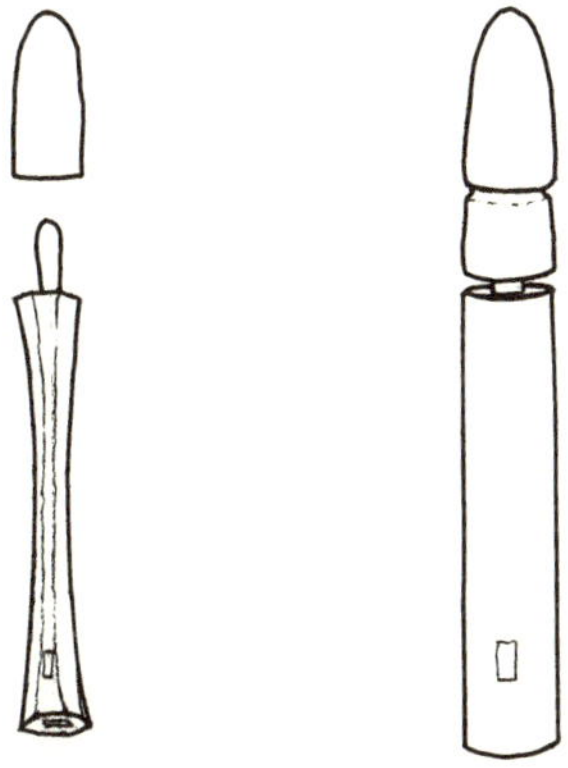

図47　エジプトにおけるキリ（複合〈弓〉形式，B.C. 1800〜1500年ころ）

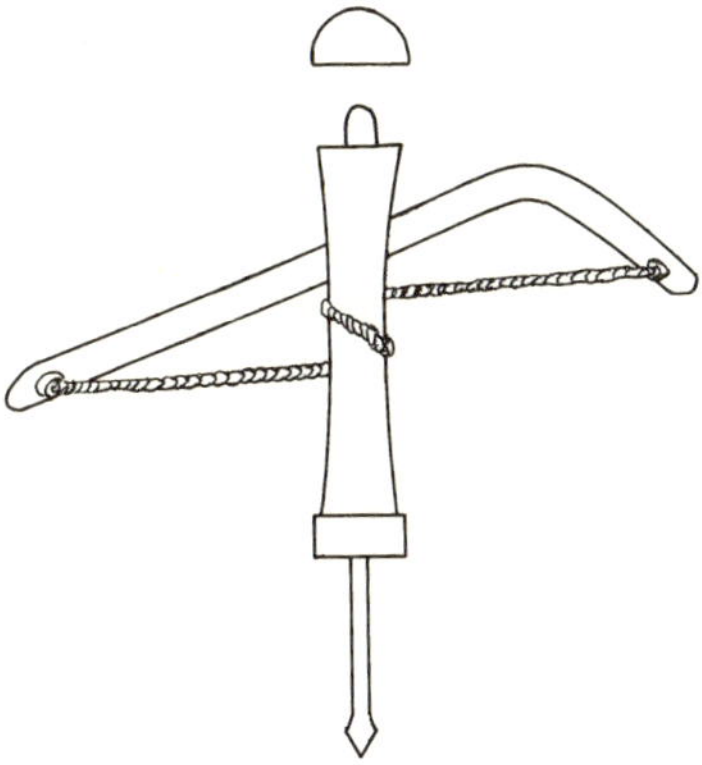

図48　エジプトにおける銅製のキリ（複合〈弓〉形式，B.C. 1200年ころ）

図49　エジプトにおけるキリの使用法［1］（B.C. 2500年ころ）

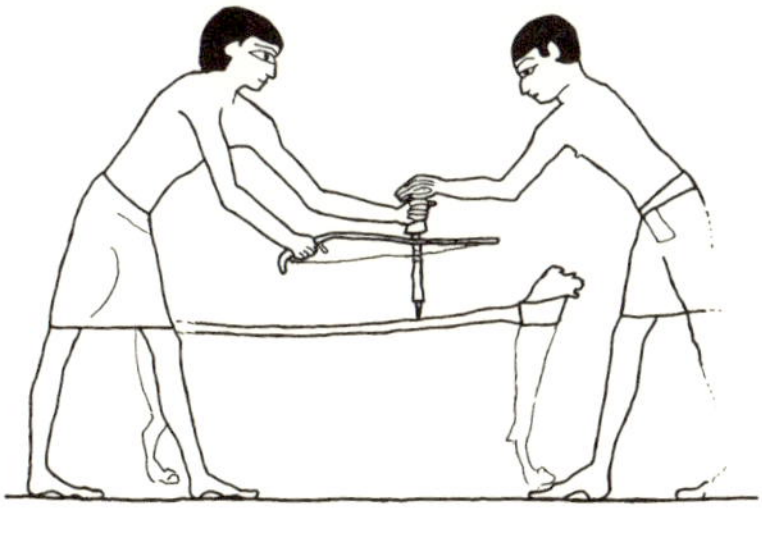

図50　エジプトにおけるキリの使用法［2］（B.C. 1500年ころ）

図51　エジプトにおけるキリの使用法［3］(B.C. 1500年ころ)

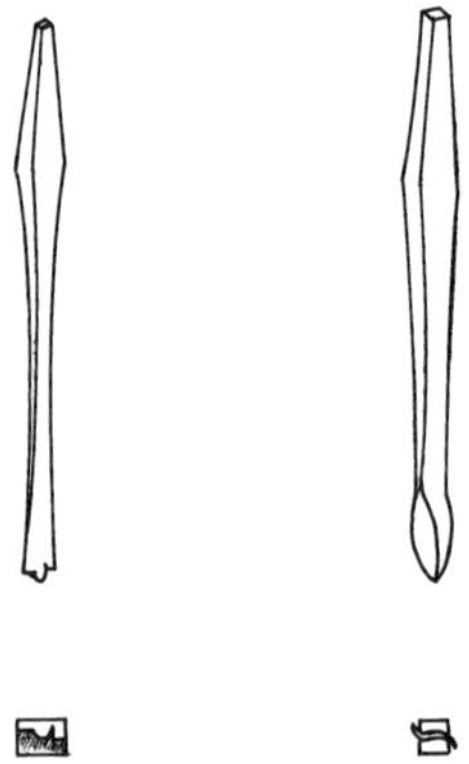

図52　アッシリアにおける鉄製のキリ
(B.C. 8世紀ころ)

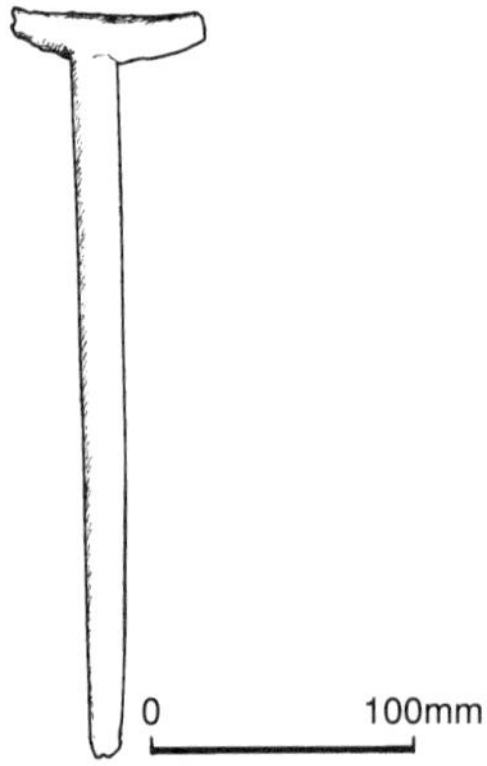

図53　エジプトにおける鉄製のキリ
(B.C. 6世紀ころ)

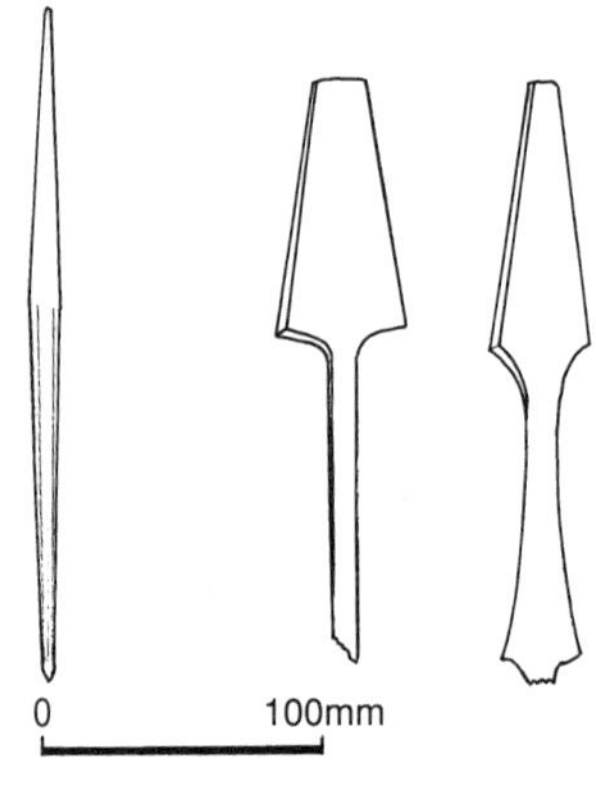

図54　ローマ時代における鉄製のキリ［1］(B.C. 1世紀ころ)

る。これらの刃部形状から判断して、前者は単方向に、後者は双方向に回転させて使ったと考えられる。

また、同じエジプトにおいて、紀元前六世紀ころの鉄製のキリが発見されている（図53）。このキリは穂先部分が欠損しているため、刃部の形状は不明であるが、柄部分は穂部分の軸線と直交させて取り付けた形式である。これは、後世の大型のキリ（オーガー）と同じ形式と考えられる。

さらに、ローマ時代のポンペイからも、鉄製のキリが出土している（図54）。これらの内、一点は後世のヨホウキリ（四方錐）に類似した形状、他の二点は茎部分が幅広につくられた形状であるが、刃部は欠損している。

同じくローマ時代の遺跡より、複合（弓）形式の鉄製のキリと、穂先刃部横断面が曲刃形状のキリが発見されている（図55・56）。

そしてローマ時代のスイスの遺跡から、後世の大型キリ（オーガー）と同じ形状の鉄製のキリが出土している（図57）。この穂先刃部横断面は、半円形に近い曲刃形状である。

鉄製のキリの使用法については、紀元後一世紀ころのガラスに、一人の工人が立位で複合（弓）形式のキリを使っている様子が描かれている（平田・八杉　一九七八）（図58）。

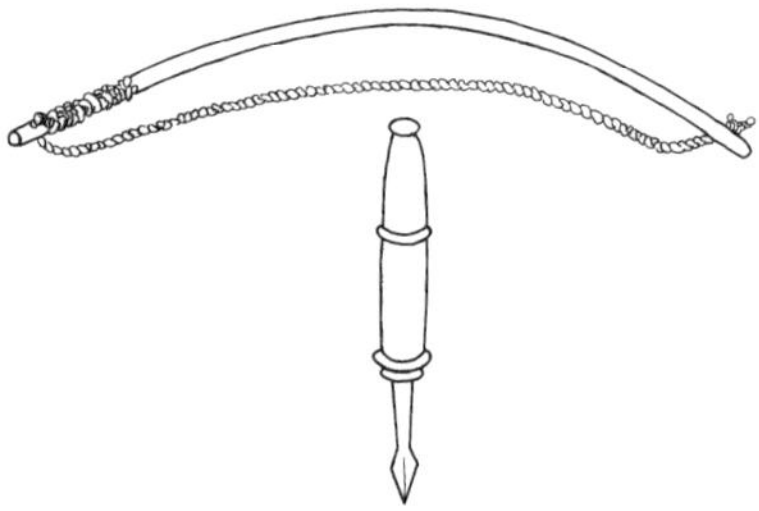

図55　ローマ時代における鉄製のキリ［2］

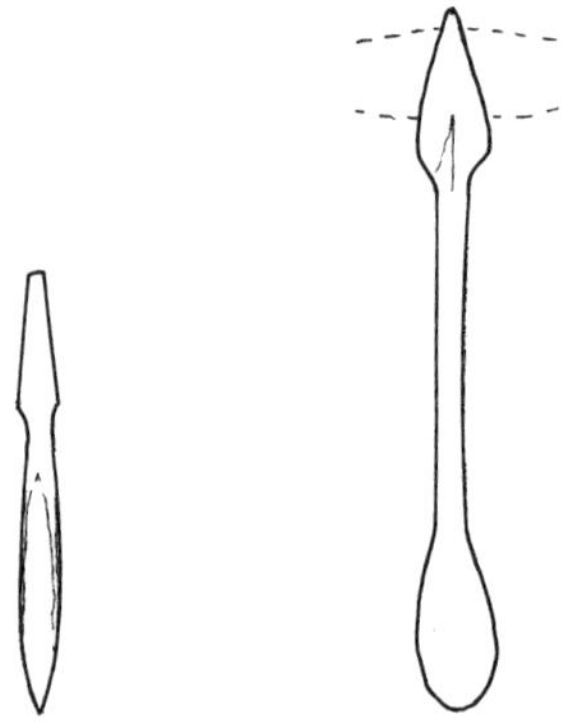

図56　ローマ時代における鉄製のキリ［3］

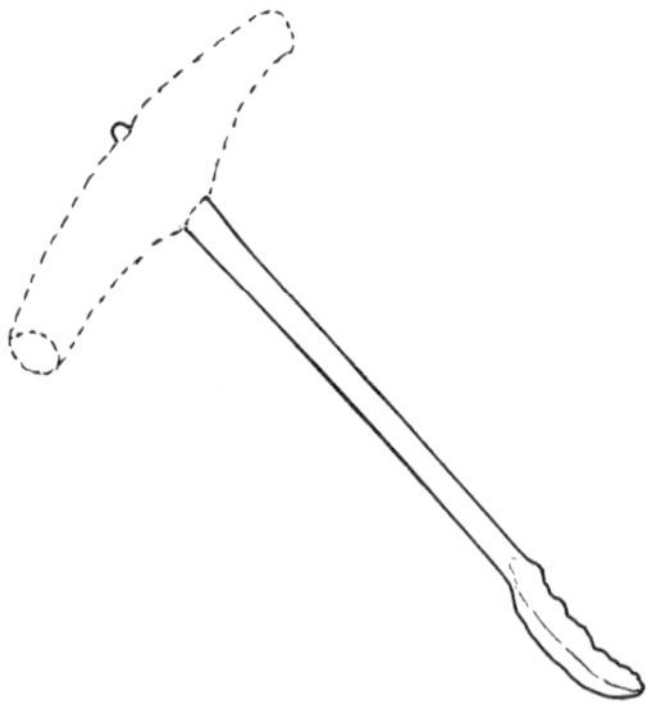

図57　ローマ時代における鉄製のキリ［4］

図58　ローマ時代におけるキリの使用法

中　国　大陸の東、中国における紀元前二三〇〇年ころ（竜山文化《りゅうざん》）の遺跡から、銅製のキリが出土している（図59）。このキリの刃先は凸刃《とつじん》で、穂部分横断面は方形である。

同じく中国の殷代の遺跡から、青銅製のキリが発見されている。このキリの刃先は凸刃で、穂部分横断面は円形である（林　一九九五）（図60）。

大陸の東、中国における河北省《かほく》の遺跡から、紀元前三世紀ころ（戦国時代晩期）の鉄製のキリが出土している（図61）。これらの内、一点は後世のヨホウキリに類似した形状、別の一点は茎部分の端部が環状に折り曲げられた形状、そして一点は茎部分が幅広の板状につくられた形状である。これら三点とも、茎部分と穂部分の区分は不明瞭である（潮見　一九八二）。

また、大陸東端の島、日本における五世紀（古墳時代）の遺跡から、鉄製のキリが発見されている（図62）。これらのキリは、茎部分が板形状、穂部分横断面は方形で、茎と穂の区分が明瞭である。さらに、穂部分に捩《ねじ》りをほどこしているものが含まれていることも注目される。

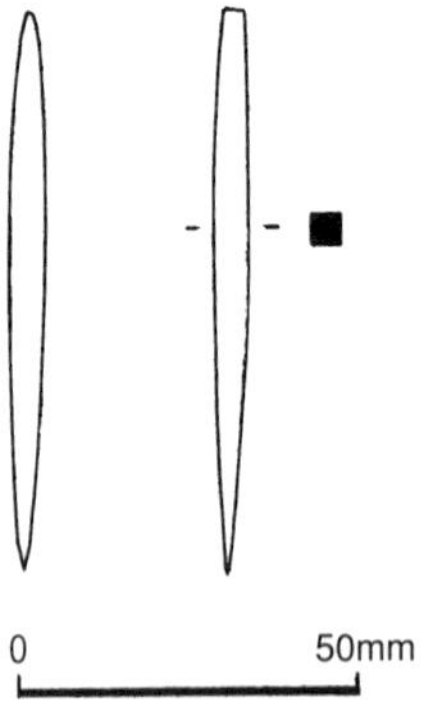

図59　中国における銅製のキリ
（B.C. 2300～1900年ころ）

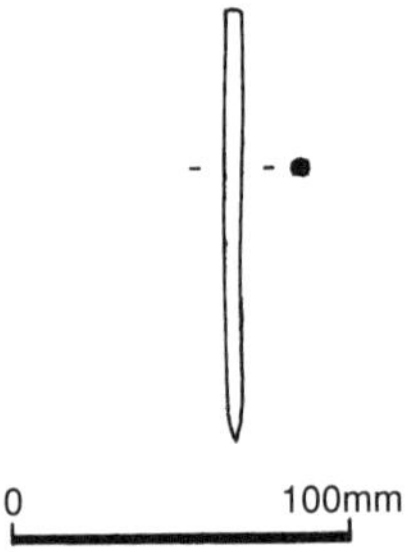

図60　中国における青銅製のキリ（殷代）

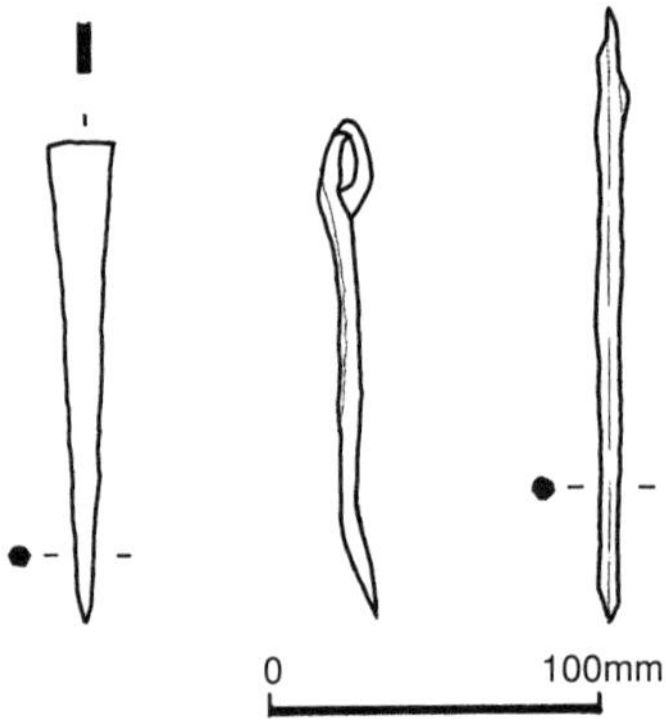

図61　中国における鉄製のキリ
（B.C. 3世紀ころ）

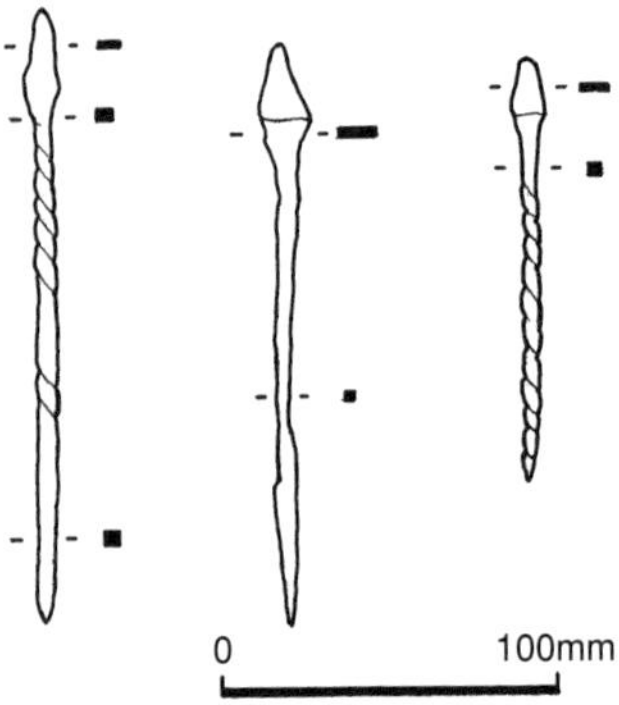

図62　日本における鉄製のキリ
（A.D. 5世紀ころ）

西の大型キリと東の小型キリ

ユーラシア大陸の西と東いずれにおいても、キリの材質は、石、銅、青銅、鉄の順に変化したと考えられる。

銅製のキリは、大陸の西において紀元前一八〇〇年ころ以降のものが、大陸の東において紀元前二三〇〇年ころ以降のものが、それぞれ発見されている。

大陸の西においては、紀元前二五〇〇年ころ以降の絵画資料に、複合（弓）形式のキリを使用する場面が描かれている。西において出土した銅製の穂先は、この形式の柄に装着して使用していたと考えられる。この場合、穂先刃部の機能方向は、双方向回転であったと推定される。

大陸の東における銅製のキリの保持部分は不明であるが、西と同様であった可能性も否定できない。

青銅製のキリは、大陸の東において、紀元前一六〇〇年ころ以降のものが発見されている。このキリは茎式であるが、穂部分の横断面が円形であることから、加工対象が木材よりも軟らかい材質のもの（たとえば皮革など）であった可能性が考えられる。

鉄製のキリは、大陸の西において紀元前八世紀ころ以降のものが、大陸の東において紀元前三世紀ころ以降のものが、それぞれ発見されている。

西における紀元後一世紀ころの絵画資料に、保持部分が複合（弓）形式のキリを使っている様子が描かれている。この場合、穂部分と柄部分の接合は、両者の軸線が同一方向の直柄同軸（茎）形式となる。また、西における出土資料の中に、穂部分の軸線と直交させて柄を装着したと推定される大型のキリが見られる。この直柄直交（茎）形式のキリの場合、穂先刃部の機能方向は、単方向回転であったと考えられる。西においては、保持部分が複合（弓）形式で双方向回転によって比較的小さな穴をあけるキリと、直柄直交（茎）形式で単方向回転によって大きな穴をあける大型キリ（オーガー）と小さな穴をあける小型キリ（ギムレット）が、それぞれ使われていたと推定される。

東における出土資料は、小型のものが多いが、接合部の形式としては、直柄同軸（茎）形式と直柄直交（茎）形式の両方が存在していた可能性が考えられる。その場合、穂先刃部の機能方向は、双方向回転と単方向回転のいずれもが存在していたと推定される。

建築部材接合法と大型のキリ

ユーラシア大陸の西においては、鉄製の大型のキリが、約二六〇〇年前以降から使われていたと推定される。

キリはノミとともに穴をうがつ道具であるが、穴の形状は円形と方形のちがいがある。キリによる小さな円形の穴は、主としてクギ（釘）を意図する方向に打つためのガイドにする、という役割がある。これは、大陸の西と東いずれにおいても共通である（図63・64・65）。

それでは大きな円形の穴は、何のためにうがつのであろうか。この円形の穴に、建築部材の接合部を固めるための木栓を打ち込むのである（図66）。

大陸の西において、古い時代から大型のキリが見られるということは、建築部材接合部を木栓によって固める技術が、古くから存在していたことを示唆している。

東西の違い

ユーラシア大陸の西、ヨーロッパの広葉樹（硬木）林地域では、大型部材に穴をうがつためにツルハシに似た形状のトゥワイビルを使用し、接合材である木栓の穴をあけるために大型のキリを使った（図67）。また、硬木に穴をうがつために全鉄製のノミを用い、接合部の仕上げ切削《せっさく》に手で推して使うトゥワイビルも用いた（図68）。

一方、ユーラシア大陸の東、中国や日本においては、針葉樹（軟木）の柱に穴をあけ、貫《ぬき》を通してクサビの摩擦力によって固定する構造の建築が多くつくられてきた。この場合、木栓穴をあける大型のキリを使う必要はなく、ノミだけで接合部の穴加工が可能であった（図69）。

図63　中国におけるうがつ道具（ノミ）の使用法（A.D. 17世紀）

図64　中国におけるうがつ道具（キリ：複合〈舞〉形式）の使用法（A.D. 17世紀）

図65　日本におけるうがつ道具の使用法（A.D. 18世紀）

図66　ヨーロッパにおけるうがつ道具の使用法（A.D. 15世紀）

特に日本においては、垂直材（柱）に水平材（貫など）を接合させ、その摩擦力によって固定する構法を発達させてきた。したがって、貫穴などの接合部は精巧に加工する必要があり、地鉄《じがね》に鋼《はがね》を鍛接《たんせつ》させた片刃ノミの切れ味が重要となった。中世末から近世初めにかけて茎式で片刃のノミが普及、使用されるようになった背景として、そうしたことが考えられる。

高い精度で正確な加工を行なうためには、片刃ノミの刃裏が平滑に研がれていなければならない。次の段階の工夫が、刃裏にウラスキをほどこすことであった。現在のところ、一九世紀初めまでの実物資料には、ウラスキが確認できていない。一八世紀後半から一九世紀初めにかけて、ノミを叩く槌が木製から鉄製に移行したことを前述したが、

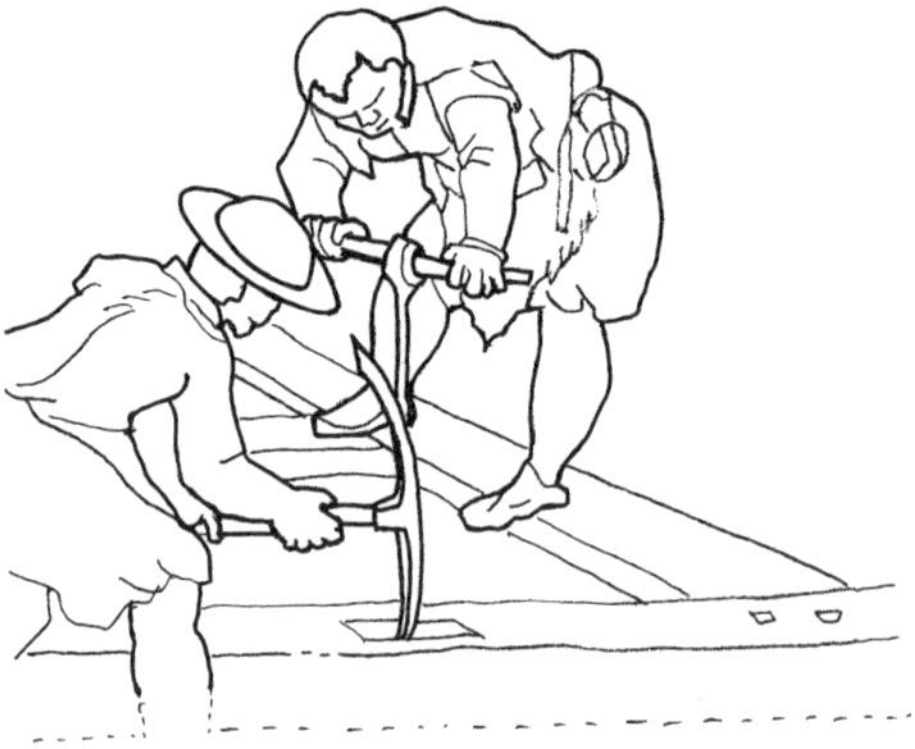

図67　ヨーロッパにおけるうがつ道具［1］：トゥワイビルとキリ（A.D. 16世紀）

図68　ヨーロッパにおけるうがつ道具［2］：ノミとトゥワイビル（A.D. 18世紀）

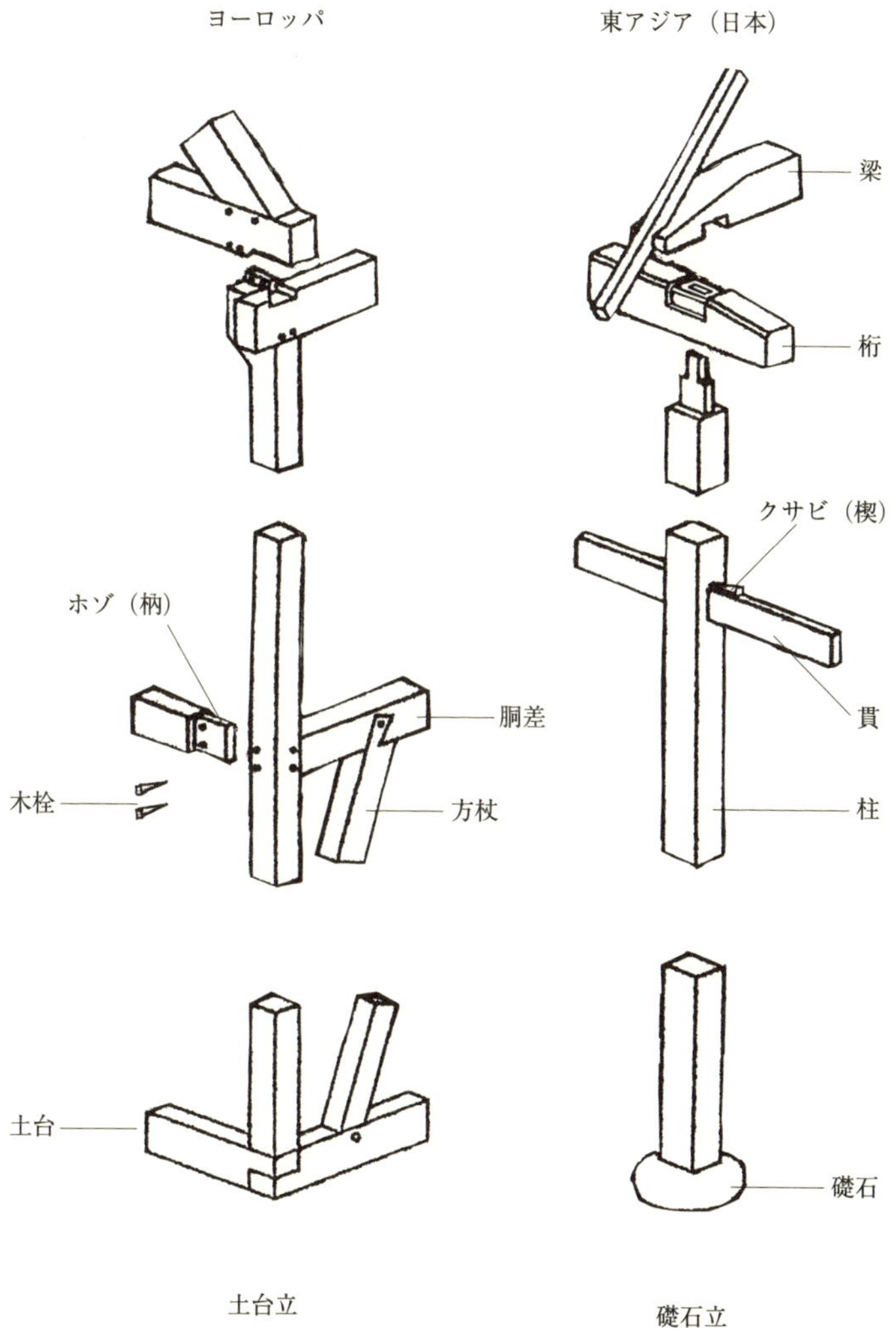

図69　ユーラシア大陸の西と東における木の建築（若山 1986 を一部改変）

作業効率の向上をめざすこうした動きの中で、ウラスキの工夫がなされたものと推定される。その時期は、一九世紀の中ごろから後半にかけてと考えられる。

ノコギリの引き使いと推し使い

伐木・製材・部材加工に関わる道具

機　能

ノコギリ（鋸）は、木の建築をつくる工程の中で、伐木《ばつぼく》・製材・部材加工のすべての作業に使用する道具である。

木の繊維を切断（横挽《よこびき》）する大型のノコギリは伐木用として、木の繊維を挽割《ひきわり》（縦挽《たてびき》）する大型のノコギリは製材用として、それぞれ使われる。

中型と小型のノコギリは、建築現場における部材加工用である。

基本構造

ノコギリは、機能部分と保持部分、その両者を結び付ける接合部分によって構成されている。

ノコギリの機能部分は、補強の必要がない「自立形式」（第Ⅰ形式）と、補強を必要とする形式に大別される。後者は、部分的に補強する形式（第Ⅱ形式）と、枠によって機能部分全体に張力をもたせる形式（第Ⅲ形式）に分けられる。

ノコギリの保持部分は、直棒形状の「直柄《なおえ》」、曲木《きょくぼく》形状の「曲柄《まがりえ》」、グリップ形状の「握柄《にぎりえ》」、T字形状の「撞木柄《しゅもくえ》」、枠そのものを握る「枠柄」などに分類できる。

そしてノコギリの接合部分には、端部を袋状に成形して柄を装着する「袋式」、端部を細く成形して柄に挿し込む「茎《なかご》式」、端部に柄を直接鋲留《びょうど》めする「直結式」、端部に鋲留めした木製の軸を枠に装着する「軸式」、端部に鍛接《たんせつ》（あるいは鋲留）したリング（鐶《かん》）を枠に装着する「鐶式」、端部に鍛接（あるいは鋲留）した筒《つつ》に柄を装着する「筒式」などの種類がある（図70・71）。

種　類

手道具による木の建築をつくる技術が、最高の精度に達したといわれる一九世紀末から二〇世紀前半、ノコギリには次のような種類があった。

立木を伐り倒し、原木を切断する大型のノコギリ（テマガリあるいはガンドウ）と、原木から板材や角材を製材するノコギリ（マエビキ）の二種類二点。建築部材の構造材加工用として、ヒキキリ（挽切）ノコ、ヒキワリ（挽割）ノコ（ガガリ）、リョウバ（両歯）ノコが三種類三点、造作材加工用として、リョウバノコ、アゼヒキ（畔挽）ノコ、ドウツキ

□機能部分［B］

- 鋸身自立形式（Ⅰ）……B_1
- 鋸身補強形式
  - 鋸背補強形式（Ⅱ）
    - 鞘形式……B_2
    - 弦形式……B_3
  - 枠形式（Ⅲ）
    - 弓形式……B_4
    - 中央支柱形式……B_5
    - 両側支柱形式……B_6
- その他……B_7

□保持部分［H］

- 直柄……H_1
- 曲柄……H_2
- 握柄……H_3
- 撞木柄……H_4
- 枠柄……H_5
- その他……H_6

□接合部分［J］

- 袋式……J_1
- 茎式……J_2
- 直結式……J_3
- 軸式……J_4
- 鐶式……J_5
- 筒式……J_6
- その他……J_7

図70　ノコギリの基本形式

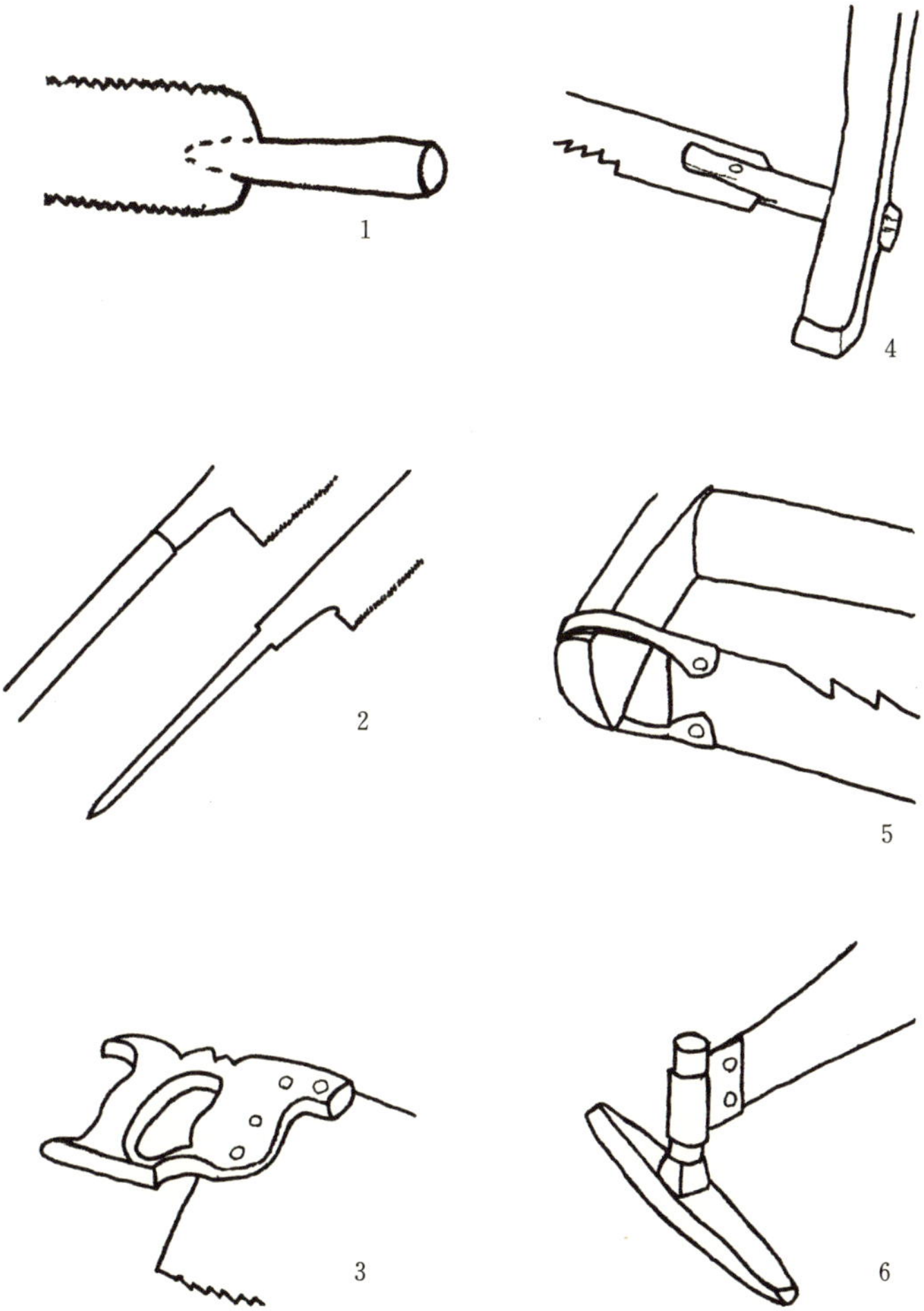

図71　ノコギリの接合部分

1. 袋式（J_1），2. 茎式（J_2），3. 直結式（J_3），4. 軸式（J_4），5. 鐶式（J_5），6. 筒式（J_6）

表３　日本の近代におけるノコギリ

<table>
<tr><th rowspan="2">分類</th><th rowspan="2">名　称</th><th rowspan="2">法　量
(呼称寸法)
［尺・寸分］</th><th rowspan="2">点[1)]
数</th><th rowspan="2">摘　要</th><th colspan="3">機　能</th></tr>
<tr><th>縦挽</th><th>横挽</th><th>兼用</th></tr>
<tr><td rowspan="2">造材</td><td>穴挽鋸</td><td>1.50</td><td>1</td><td>部材端部を荒切断</td><td></td><td>○</td><td></td></tr>
<tr><td>(前挽鋸)</td><td>1.20〜1.30</td><td>1</td><td>縦挽製材</td><td>○</td><td></td><td></td></tr>
<tr><td rowspan="14">構造材加工／造作材加工</td><td>挽切鋸</td><td>1.20</td><td>1</td><td>部材加工(横挽)</td><td></td><td>○</td><td></td></tr>
<tr><td>挽割鋸</td><td>1.20</td><td>1</td><td>部材加工(縦挽)</td><td>○</td><td></td><td></td></tr>
<tr><td rowspan="6">両歯鋸</td><td rowspan="2">1.00</td><td rowspan="2">1</td><td rowspan="6">部材加工
(1枚の鋸身に縦挽と横挽の鋸歯がある)</td><td>○</td><td></td><td></td></tr>
<tr><td></td><td>○</td><td></td></tr>
<tr><td rowspan="2">0.90</td><td rowspan="2">1</td><td>○</td><td></td><td></td></tr>
<tr><td></td><td>○</td><td></td></tr>
<tr><td rowspan="2">0.80</td><td rowspan="2">1</td><td>○</td><td></td><td></td></tr>
<tr><td></td><td>○</td><td></td></tr>
<tr><td rowspan="2">畔挽鋸</td><td rowspan="2">0.30〜0.40</td><td rowspan="2">1</td><td rowspan="2">先のあたる部分，狭い部分の加工</td><td>○</td><td></td><td></td></tr>
<tr><td></td><td>○</td><td></td></tr>
<tr><td>胴付鋸</td><td>0.70〜0.90</td><td>1</td><td rowspan="2">精巧な加工</td><td></td><td>○</td><td></td></tr>
<tr><td>押挽鋸</td><td>0.50〜0.70</td><td>1</td><td>△</td><td></td><td>△</td></tr>
<tr><td rowspan="2">挽廻鋸</td><td>0.60〜0.70</td><td>1</td><td rowspan="2">曲線挽き</td><td></td><td>△</td><td>△</td></tr>
<tr><td>0.50</td><td>1</td><td></td><td>△</td><td>△</td></tr>
</table>

（胴付）ノコ、オサエヒキ（押挽）ノコ、ヒキマワシ（挽廻）ノコが五種類七点、以上、少なくとも合計一〇種類一七点のノコギリが使われていた（表3）。

ユーラシア大陸東端の島、日本のノコギリが手道具として最高の水準に到達するまでに、大陸の西と東では、どういう変遷があったのだろうか。

西と東におけるノコギリ

西における形式

　ユーラシア大陸の西、ヨーロッパ文明の源流のひとつであるエジプトにおいて、約三五〇〇年前の銅製のノコギリが出土し、約四五〇〇年前の壁画に、同じ形状のノコギリを用いて板材を縦挽きしている様子が描かれている（図72の1と2・73）。これらの資料により、約四五〇〇年前から三五〇〇年前ころのエジプトにおいては、第Ⅰ形式の銅製ノコギリが使われ、出土ノコギリの歯の形状から、引き使いであったと考えられる。

　約三七〇〇年前から三四〇〇年前ころのクレタにおいて、約二八〇〇年前から二四〇〇年前ころのスイスにおいて、そして約二六〇〇年前から二四〇〇年前ころのロシアにおい

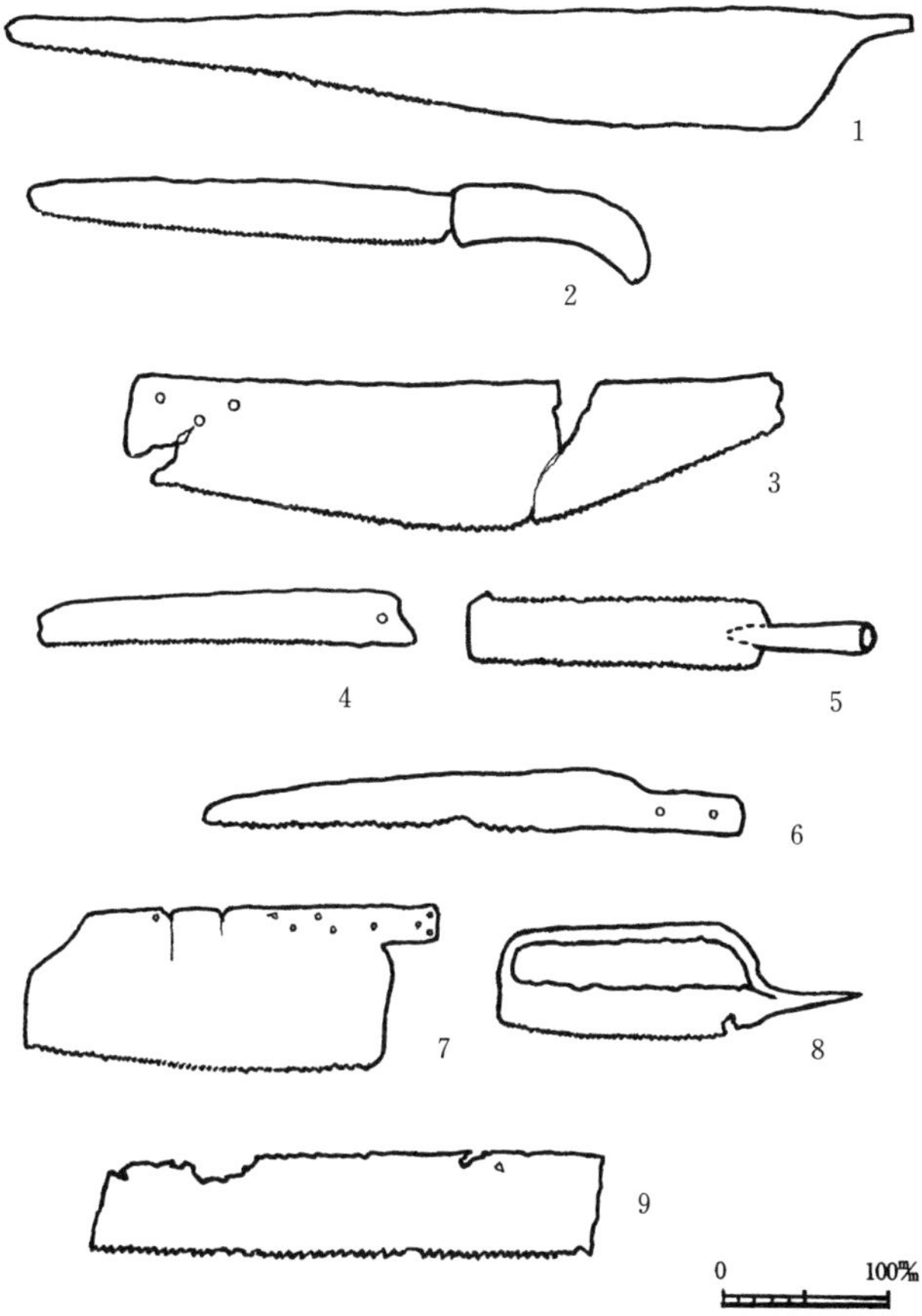

図72　ユーラシア大陸の西におけるノコギリ

1. エジプト出土の銅製鋸（約3500年前），2. エジプト出土の銅製鋸（約3500年前），3. クレタ出土の青銅製鋸（約3400年前），4. スイス出土の青銅製鋸（約2400年前），5. ロシア出土の青銅製鋸（約2200年前），6. スイス出土の鉄製鋸（ローマ時代），7. フランス出土の鉄製鋸（ローマ時代），8. スイス出土の鉄製鋸（ローマ時代），9. スイス出土の鉄製鋸（ローマ時代）

て、それぞれ第Ⅰ形式の青銅製のノコギリが出土している（図72の3〜5）。スイス出土のノコギリは、歯の形状により引き使いであったと推定される。なお、クレタにおいては、第Ⅲ形式と考えられる青銅製の大型ノコギリも出土している。

約二二〇〇年前以降のローマ時代におけるスイスやフランスの遺跡から、第Ⅰ形式・第Ⅱ形式・第Ⅲ形式の鉄製のノコギリが出土している（図72の6〜9）。フランス出土の第Ⅱ形式のノコギリは、歯の形から推し使いであったと推定される。また、ローマ時代の図像資料に、第Ⅲ形式のノコギリの使用場面が描かれている（平田・八杉　一九七八）（図74）。

東における形式

ユーラシア大陸の東、中国における約三六〇〇年前（殷《いん》代）以降の遺跡から第Ⅰ形式の青銅製のノコギリが、約二五〇〇年前（戦国）以降の遺跡から第Ⅰ形式・第Ⅱ形式・第Ⅲ形式の青銅製のノコギリが、それぞれ出土している（図75の1〜5）。これらの中で、第Ⅰ形式の青銅製のノコギリの歯は、二等辺三角形で、推し引き両用であったと推定される（林　一九九五）。

約二二〇〇年前（秦《しん》・漢代）以降の遺跡から、第Ⅰ形式・第Ⅱ形式・第Ⅲ形式の鉄製のノコギリが、それぞれ出土している（図75の6〜9）。これらの中で、第Ⅰ形式の鉄製ノコギリの歯は先方向に傾いていることから、推し使いであったと考えられる。

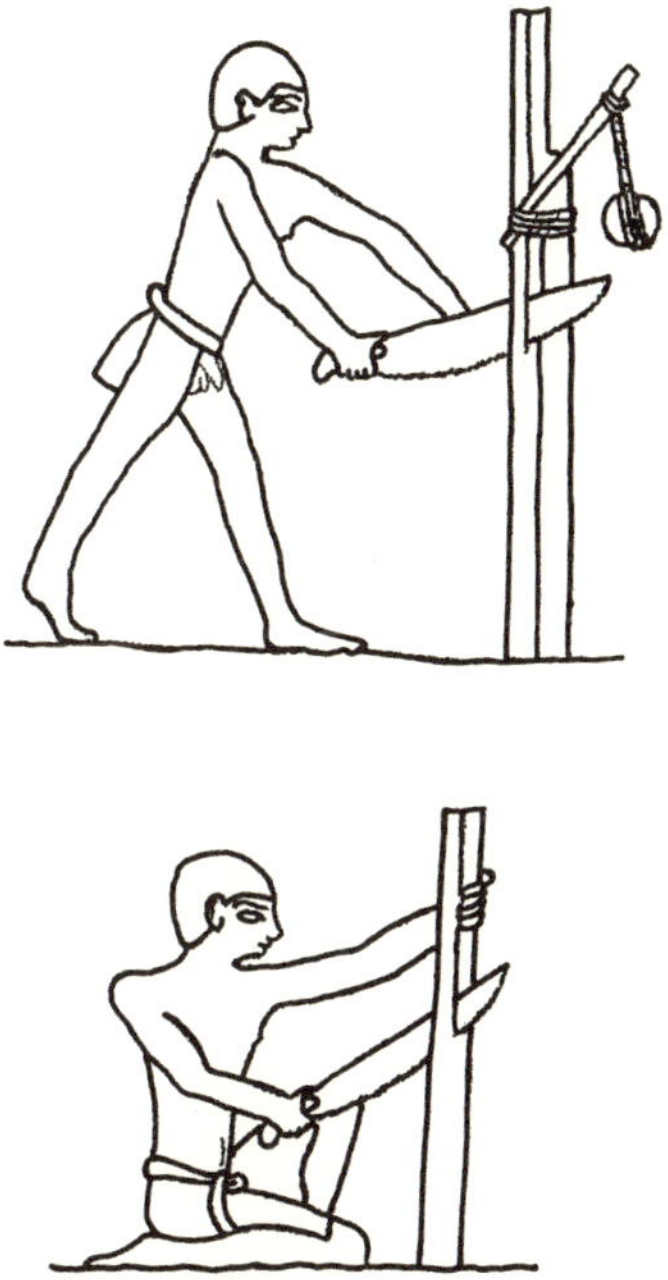

図73　エジプトにおけるノコギリの使用法（約4500年前）

図74　ヨーロッパにおけるノコギリの使用法（ローマ時代）

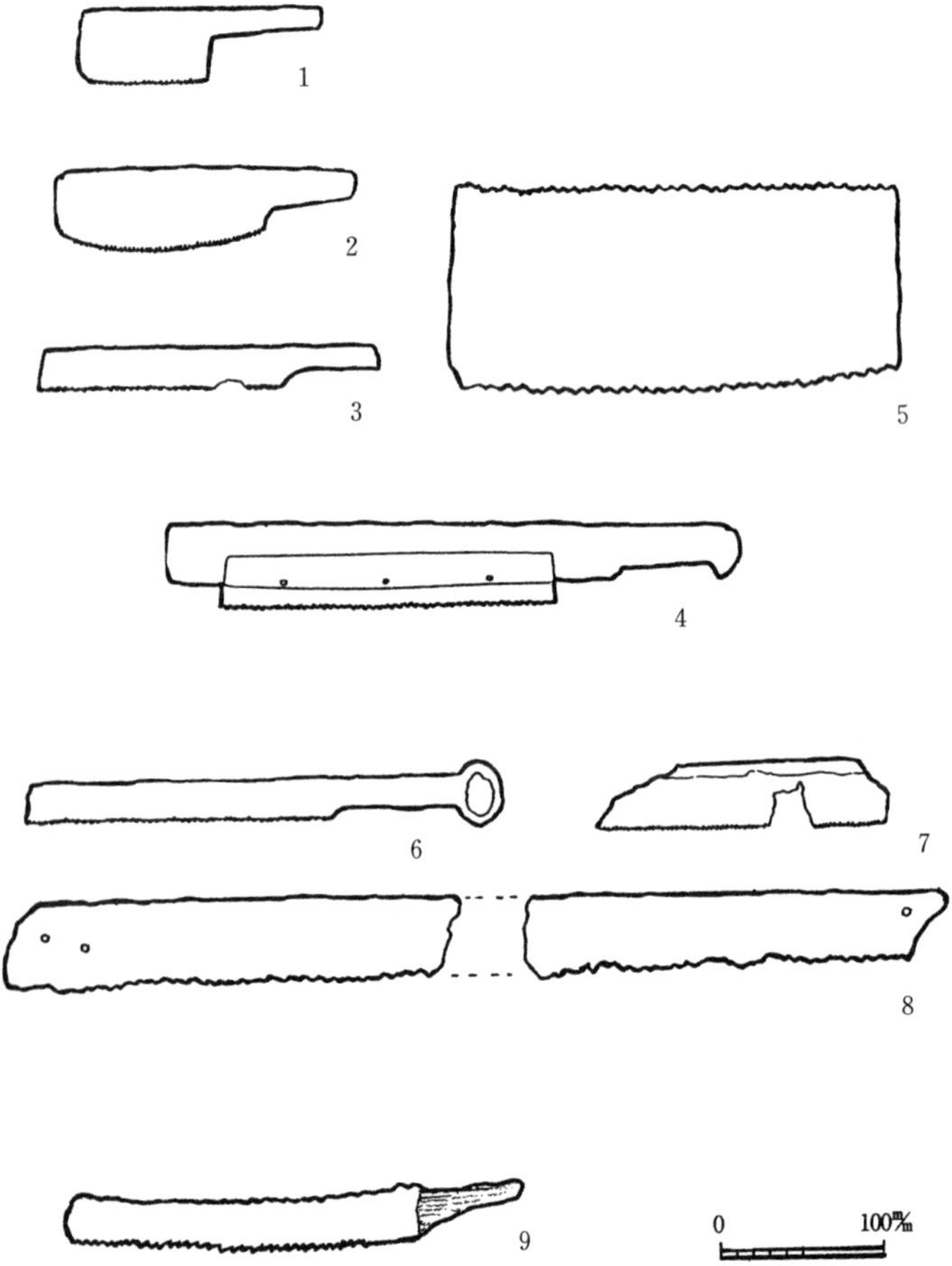

図75　ユーラシア大陸の東におけるノコギリ

1．中国出土の青銅製鋸（殷代），2．中国出土の青銅製鋸（殷代），3．中国出土の青銅製鋸（周代），4．中国出土の青銅製鋸（周代），5．中国出土の青銅製鋸（周代），6．中国出土の鉄製鋸（漢代），7．中国出土の鉄製鋸（漢代），8．中国出土の鉄製鋸（漢代），9．朝鮮半島出土の鉄製鋸（5～6世紀）

ユーラシア大陸の西と東において、ノコギリの材質は、銅、青銅、鉄の順に変化したと考えられる。

切る道具として

銅製のノコギリは、ユーラシア大陸の西、ヨーロッパ文明の源流のひとつであるエジプトにおいて約三五〇〇年前のものが出土しており、その機能部分は第Ⅰ形式、結合部は茎《なかご》式（J2）、使用法は引き使いであった。

青銅製のノコギリは、西において約三七〇〇年前から二二〇〇年前ころにかけてのものが、東において約三五〇〇年前から二三〇〇年前ころにかけてのものが、それぞれ出土している。機能部分は、西において第Ⅰ形式と第Ⅲ形式のものが、東においてこの二形式に加えて第Ⅱ形式のものもそれぞれ確認できる。接合部は、西において袋式（J1）、直結式（J3）、鐶式（J5）、筒式（J6）が、東において茎式（J2）と直結式（J3）が、それぞれ存在していたと考えられる。そして使用法は、西において引き使いのものが、東において推し引き両用（二等辺三角形の歯）のものが、それぞれ使われていた。

鉄製のノコギリは、西と東いずれにおいても約二二〇〇年前以降のものが出土している。機能部分は、西と東いずれにおいても基本三形式が確認できる。接合部は、西と東いずれにおいても茎式（J2）と直結式（J3）のものが使われていたと考えられる。そして使用法は、西において引き使いと推し使いのものが、東において推し使いのものが、それぞれ存在していた。

ユーラシア大陸東端の島、日本では、どういうノコギリが使われていたのであろうか。

日本の基本三形式

弥生・古墳時代

日本においては、弥生時代のノコギリの出土例は、まだ確認されていない。弥生時代の出土建築部材や出土木製品をもとに、ノコギリの使用を推定した報告はいくつかあるが、ノコギリの使用を証明するには、アサリ分けした歯の挽道《ひきみち》が部材に残されていることが重要である。

古墳時代における四世紀から五世紀の出土ノコギリは、幅二〇～五〇ミリ、長さ一二〇～一八〇ミリ、二三〇～三一〇ミリくらいの長方形のものが多い。これらには、短い茎を有するもの（第Ⅰ形式）、ノコギリの背部分に木質が残っているもの（第Ⅱ形式）、両方の端部に穴があけられているもの（第Ⅲ形式）、などが見られる。こうした形状から、日本ではノコギリ出現の初期段階において、小型ながら基本三形式の鋸が揃っていた可能性が考えられる。

しかし六世紀以降、ほとんどのノコギリが、第I形式で接合部が茎式（J_2）に統一されていく（図76の1〜7）。

六世紀後半以降、大陸からの仏教建築とともに導入された高度な建築技術は、建築用材を工作する道具の編成にも変化をもたらしたと考えられる。たとえば建築主体部（構造材）の加工が可能な大きさのノコギリは、この時期から使われるようになったと推定される。

古代・中世での横挽き使用法

八世紀中ごろから一六世紀前半までの文献資料を通観すると、ノコギリの名称は、基本的に「鋸」字を用い、一〇世紀前半まで「ノホキリ」、一二世紀後半以降「ノホキリ」「ノコキリ」、一五世紀ころ以降「ノコギリ」と呼称していたと考えられる。

現存する一三世紀中ごろから一六世紀前半までの絵画資料に描かれた建築工事場面を見ると、構造材を横挽きしている描写が多く、一六世紀前半の絵画資料に部材繊維を斜めに挽こうとしている場面がわずかに見られる。これらの絵画資料により、中世の建築部材加工用のノコギリは、繊維を切断する横挽き用のものがほとんどで、古代も同様であったと

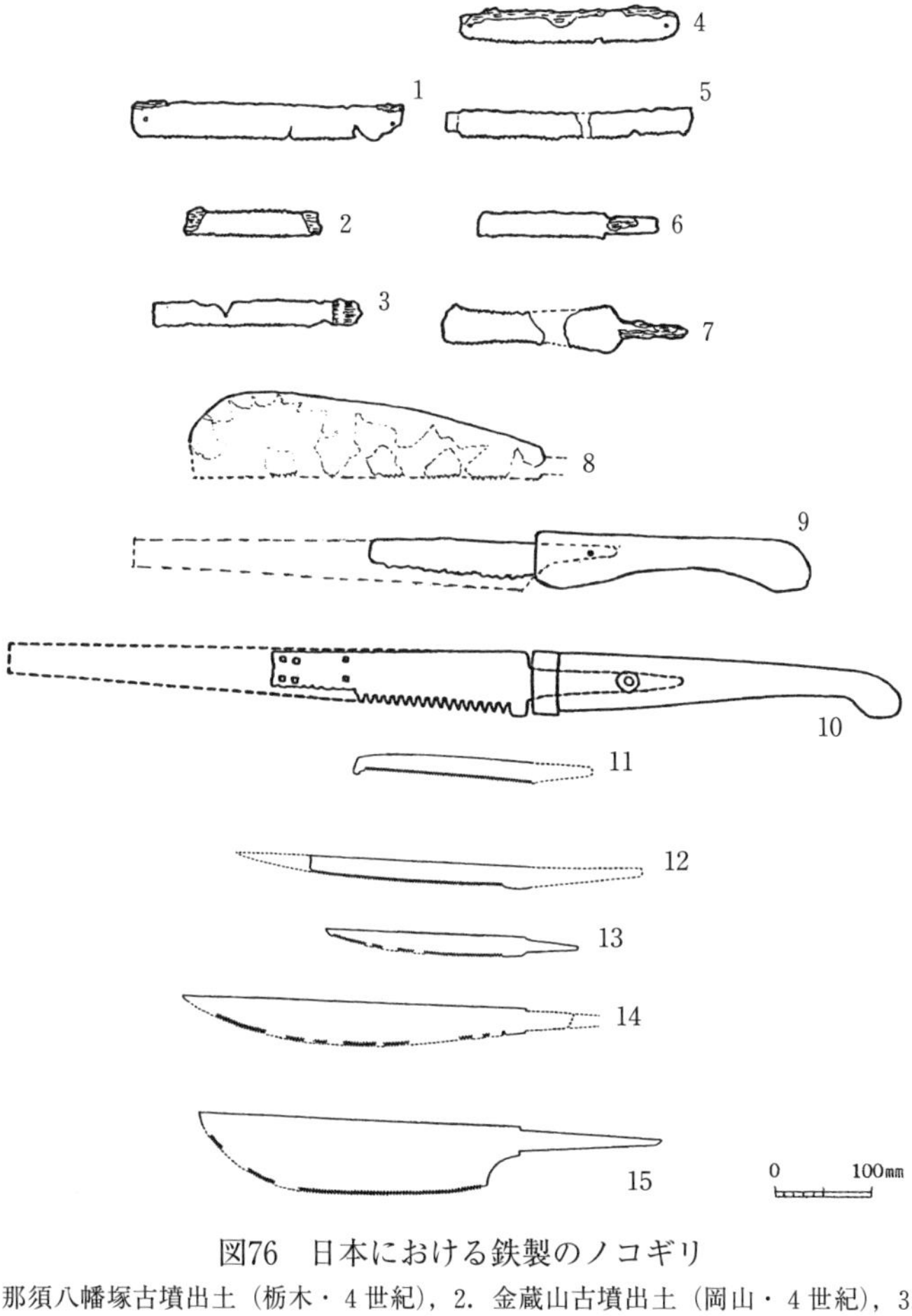

図76　日本における鉄製のノコギリ

1. 那須八幡塚古墳出土（栃木・4世紀），2. 金蔵山古墳出土（岡山・4世紀），3. 随庵古墳出土（岡山・5世紀），4. 草刈1号墳出土（千葉・5世紀），5. 金鎧山古墳出土（長野・5世紀），6. 鳥土塚古墳出土（奈良・6世紀），7. 大井三倉5号墳出土（福岡・6世紀），8. 新原・奴山44号墳出土（福岡・6世紀），9. 石神遺跡出土（奈良・7世紀），10. 法隆寺伝世（奈良・8世紀），11. 長勝寺遺跡出土（千葉・8世紀），12. 一木ノ上遺跡出土（大分・11～12世紀），13. 白石洞遺跡出土（広島・9～13世紀），14. 草戸千軒町遺跡出土（広島・13世紀），15. 上野下郡遺跡出土（三重・15世紀）

推定される。

中世以前におけるノコギリの形状・構造は、四世紀と五世紀の多様な装着法の時代を経て、六世紀以降、茎式が基本になったと考えられる。

歯先を結んだ線（歯道《はみち》）の形状は、七世紀ころまで歯道直線形状、八世紀から一〇世紀ころまで歯道内湾形状、それ以降歯道外湾形状に変化する。その要因のひとつとして、材料である鋼の強度が向上したことが推定される。

ノコギリの幅は、時代が降るにつれて広くなり、茎部分（柄部分）も相対的に長くなる傾向が見られる（図76の8〜15）。

古代・中世におけるノコギリの使用法は、基本的に坐位《ざい》の作業姿勢で、大型部材に対する立位《りつい》の作業姿勢も、わずかながら絵画資料に描かれている（図77の1〜6、78の7〜9）。使用動作については、中世の絵画資料の多くに、ノコギリの柄をおさえつけるようにして使っている様子が描かれている。また、一三世紀ころまでの実物資料の歯も二等辺三角形のものが多いことから、推しても引いても機能する性能の低いノコギリであったと考えられる。引き使いの歯が確認できるのは、一五世紀ころの実物資料である（図79）。

図77　日本におけるノコギリの使用法［１］（模写）

1.『当麻曼荼羅縁起』（13世紀中頃），2.『春日権現験記絵』（1309年），3.『松崎天神縁起絵巻』（1311年），4.『石山寺縁起絵巻』（1324〜26年），5.『弘法大師行状絵詞』（1374〜89年），6.『大山寺縁起絵巻』（1398年）

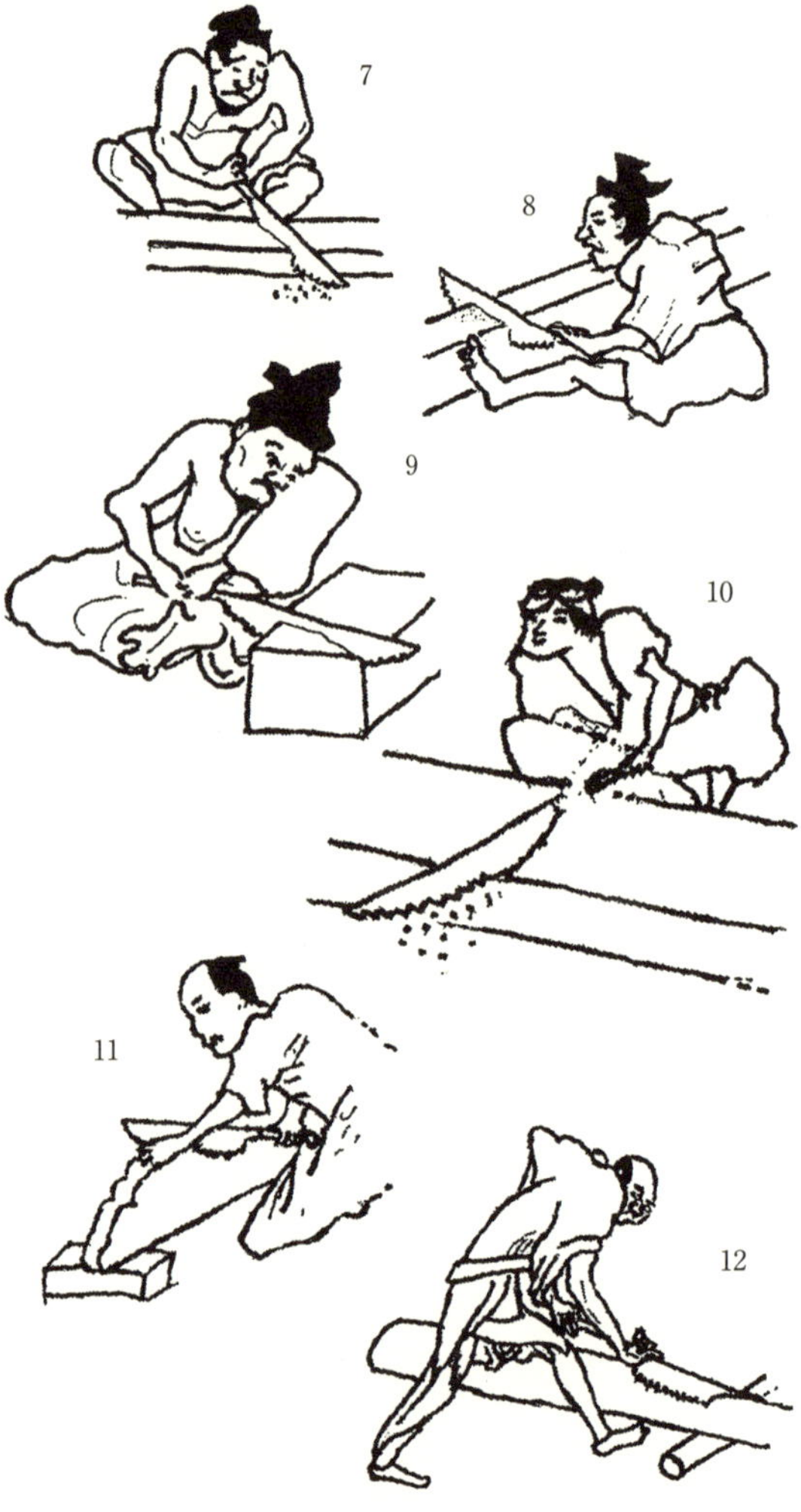

図78　日本におけるノコギリの使用法［２］（模写）
7.『誉田宗廟縁起』(1433年)，8.『真如堂縁起絵巻』(1524年)，9.『東大寺大仏縁起絵巻』(1536年)，10.『鞆の観音堂縁起絵巻』(1596〜1669年)，11.『三芳野天神縁起絵巻』(17世紀中頃)，12.『近世職人尽絵詞』(1805年)

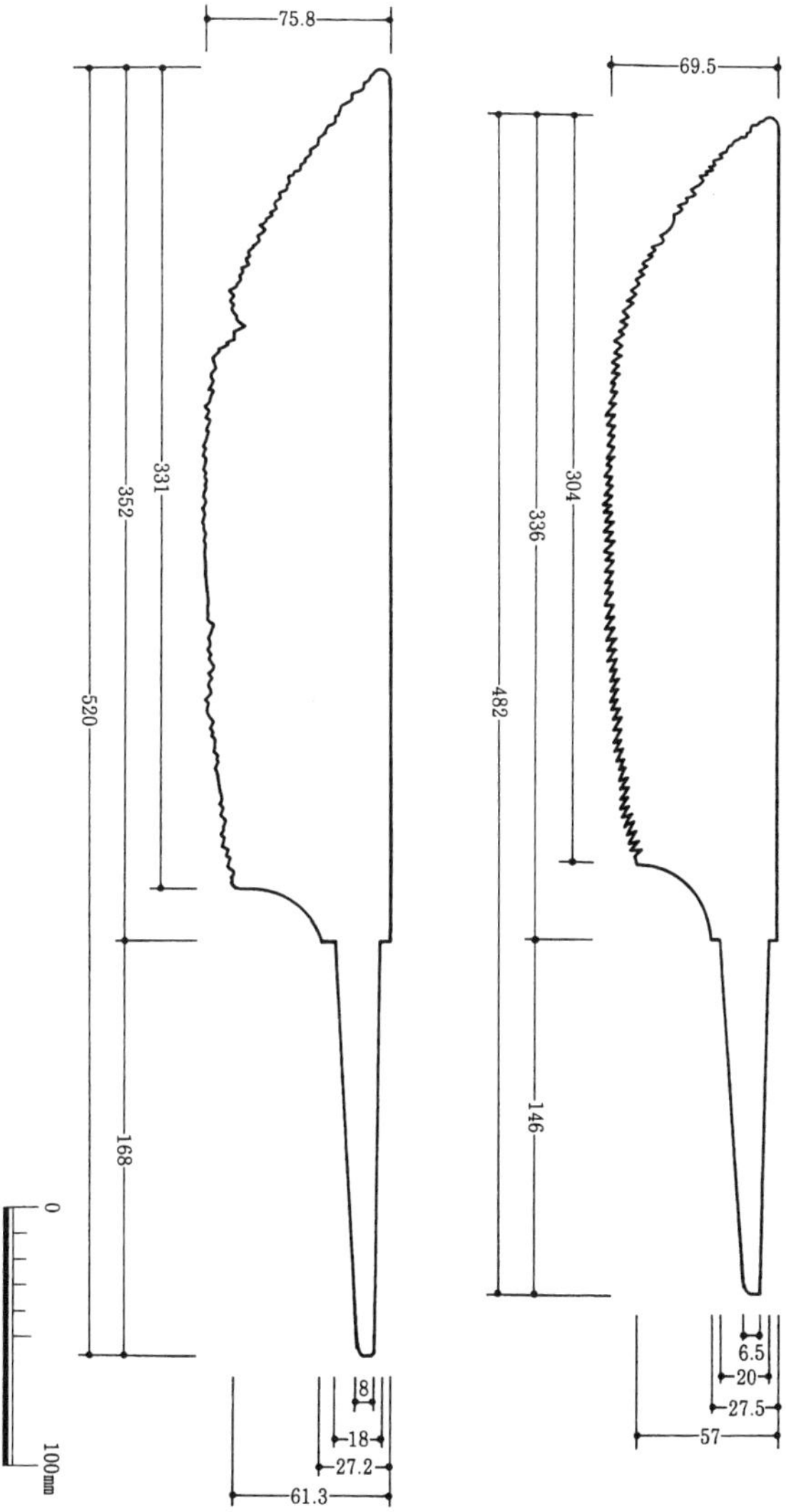

図79　日本の中世における引き使いのノコギリ
上：伊賀上野下郡遺跡（三重・15世紀ころ）
下：浄法寺遺跡（岩手・15世紀ころ）

近世の工人たち

近世になると、木の建築をつくる道具に関して詳しく記述された文献資料によって、名称・用途・形状（寸法）・構造・使用法などを知ることが可能となる。

一八世紀に記述された二つの文献（『和漢三才図会《わかんさんさいずえ》』一七一二年〈正徳二〉、『和漢船用集《わかんせんようしゅう》』一七六一年〈宝暦一一〉）をもとにノコギリを分類すると、㋐造材《ぞうざい》用、㋑構造材加工用、㋒造作材加工用に大別できる。

㋐のノコギリは、伐木専用工人（杣《そま》）用のもの、製材専門工人（木挽《こびき》）用のものであるが、建築専門工人（大工）用として、「木口切《こぐち》」用（「大鋸・オオノコギリ」）一点、「引割」用（「カガリ」）一点の少なくとも二種類二点が使われていたと考えられる。㋑のノコギリとしては、横挽用（「中鋸」「小鋸」）二点、縦挽用（「カガリ」）一点の二種類三点、㋒のノコギリとしては、横挽用（「ヒキキリ」「モドキ」「カモイキリ」）三点、縦挽用（「ネズミカガリ」）一点、曲線挽用（「ヒキマワシ」）一点の三種類五点が、少なくとも使われていたと推定される。

ノコギリの基本構造は茎式であるが、その形状に変化が見られる。ノコギリ先端部分の形状に関して、「鋒尖《さきとがり》」形状から「頭方《あたまけた》」形状に変化する時期を一八世紀中ごろの文献

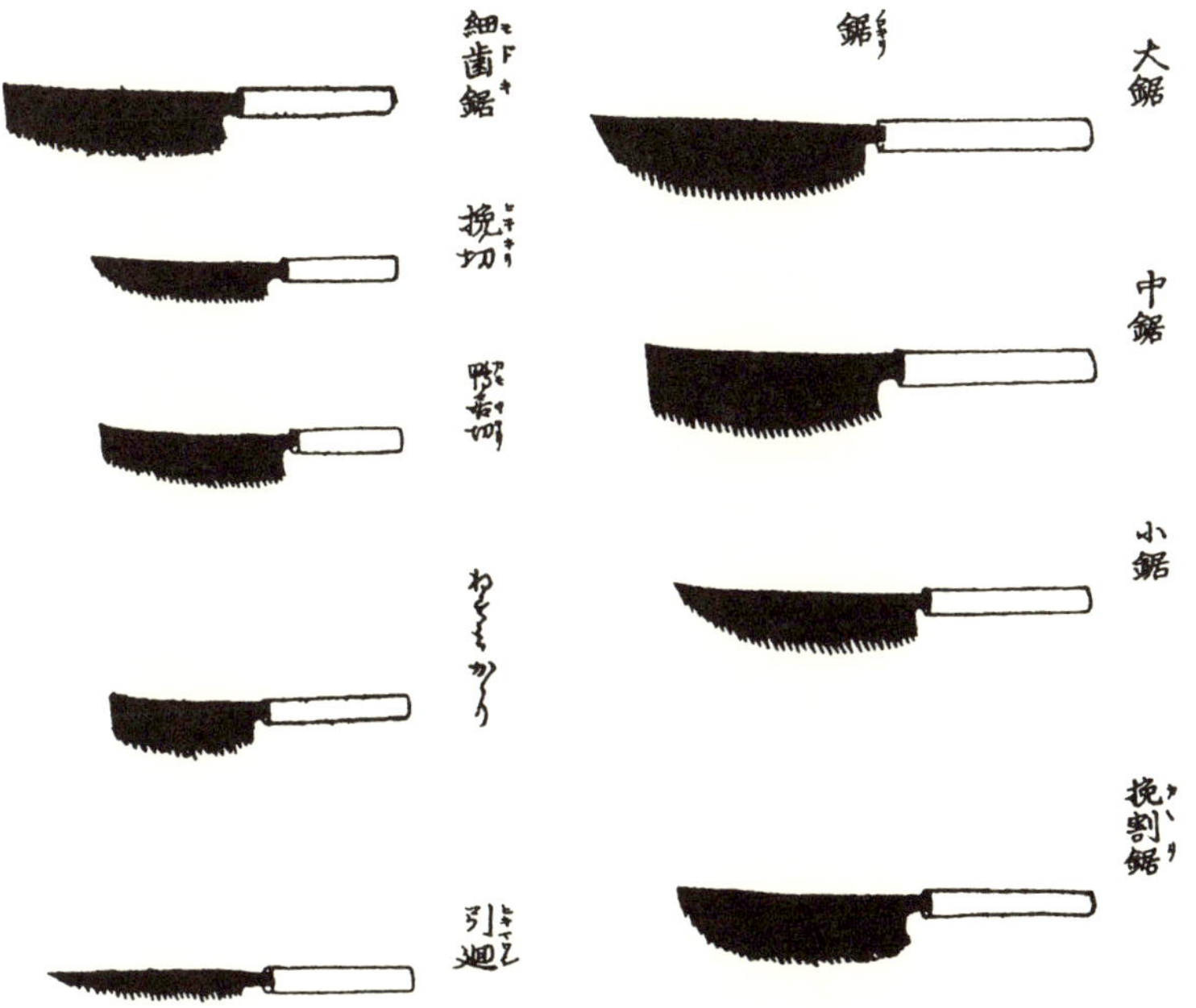

図80　日本の近世におけるノコギリ（模写，『和漢船用集』1761年）

で「近比」と記し、文献挿図でも一八世紀のものに両者が混在して描かれ、一九世紀以降、「頭方」形状に描写が統一される（図80）。

寸法に関しては、「大鋸（オガではなくオオノコギリ）」「中鋸」「小鋸」がそれぞれ「一尺六寸」「一尺三寸」「一尺一寸」、「ヒキキリ」が「八、九寸」、「ネズミカガリ」が「七寸」、「ヒキマワシ」が「長七、八寸」「潤《ひろさ》五、六分」、などの記述がある。

近世の建築工事におけるノ

コギリの使用法は、一八世紀中ごろまでの絵画資料に坐位での使用が描かれ、一八世紀以降の絵画に立位も見られるようになり、一九世紀以降は立位姿勢の描写に統一される（図78の10〜12）。

引き使いと推し使い

ユーラシア大陸の西、ヨーロッパにおいては、鉄製の道具が普及したローマ時代以降、ノコギリは推し使いとなり、東の中国でも、同じ時期の漢代以降、鉄製のノコギリは推して使っていたと考えられる。西と東いずれにおいても、ノコギリの構造と形状は、基本三形式が存在し続けた。

しかし、ユーラシア大陸東端の島、日本では、六世紀ころから、機能部分が第Ⅰ形式で接合部が茎式（J_2）の単一形式に統一されていったと推定される。なぜなのであろうか。ヨーロッパの広葉樹林地域において、オーク（ナラ）などの硬木を加工するためには、立った姿勢で力をこめて道具を使う必要がある。これを主たる要因として、ノコギリが鉄製となり、機能部分の強度が向上した段階（ローマ時代）で、推し使いが一般化したと考えられる。

東の中国においては、クスノキ・クリ・カエデなどの広葉樹と、マツ・スギなどの針葉樹も建築用材として使われてきた。ヨーロッパの建築用材（ナラ）ほどの硬木ではない。

中国の場合、作業姿勢が立位であることや建築部材の加工に求められる精度が比較的粗いことなど、ヨーロッパと共通した要因が作用した結果、ノコギリの推し使いが一般化したと推定される。

ユーラシア大陸東端の島、日本においては、約二〇〇〇年前からの鉄器時代以降、建築用材の多くがヒノキ・スギなど、適度に強度のある軟木（針葉樹）であること、作業姿勢が基本的に坐位であること、などを主たる要因として、大陸の西と東とは異なる変遷をたどったと考えられる。六世紀以降と考えられるノコギリの単一形式は、加工の際に部材から刃（歯）先を通して伝わる感覚が最も把握しやすい形式である。枠などノコギリの機能部分と手との間に介在し、微妙な手応えをブロックする構造を日本の工人たちが拒否した結果、選択された形式なのであろう。

ただ日本のノコギリは、一四世紀ころまで、推しても引いても機能するが、道具としての切断効率は低いものであった。一五世紀、製材法がそれまでの打割《うちわり》製材から大型のノコギリ（オガ）を用いた挽割《ひきわり》製材に移行した結果、部材加工用のノコギリにもさらなる加工精度の向上が求められ、引き使いが一般化していったものと推定される。引き使いの方が機能部分の厚さを小さく（薄く）することができ、精度の高い切断が可能となる。

ヤリカンナから台カンナへ

カンナの基本形式

カンナは、木の建築をつくる工程の最終段階、部材加工における仕上げ切削に用いる。

仕上げ道具としての機能

木材繊維に沿って切削《せっさく》（平行切削）する場合がほとんどであるが、繊維の状態によっては斜め方向（斜交切削）や直交させて（直交切削・ヨコズリ）切削することもある。

建築部材加工段階で、ノミやノコギリは主に接合部を加工するために用いることから「構造に奉仕する道具」、カンナは部材表面を美しく仕上げ切削するために用いることから「美に奉仕する道具」と表現されることもある。

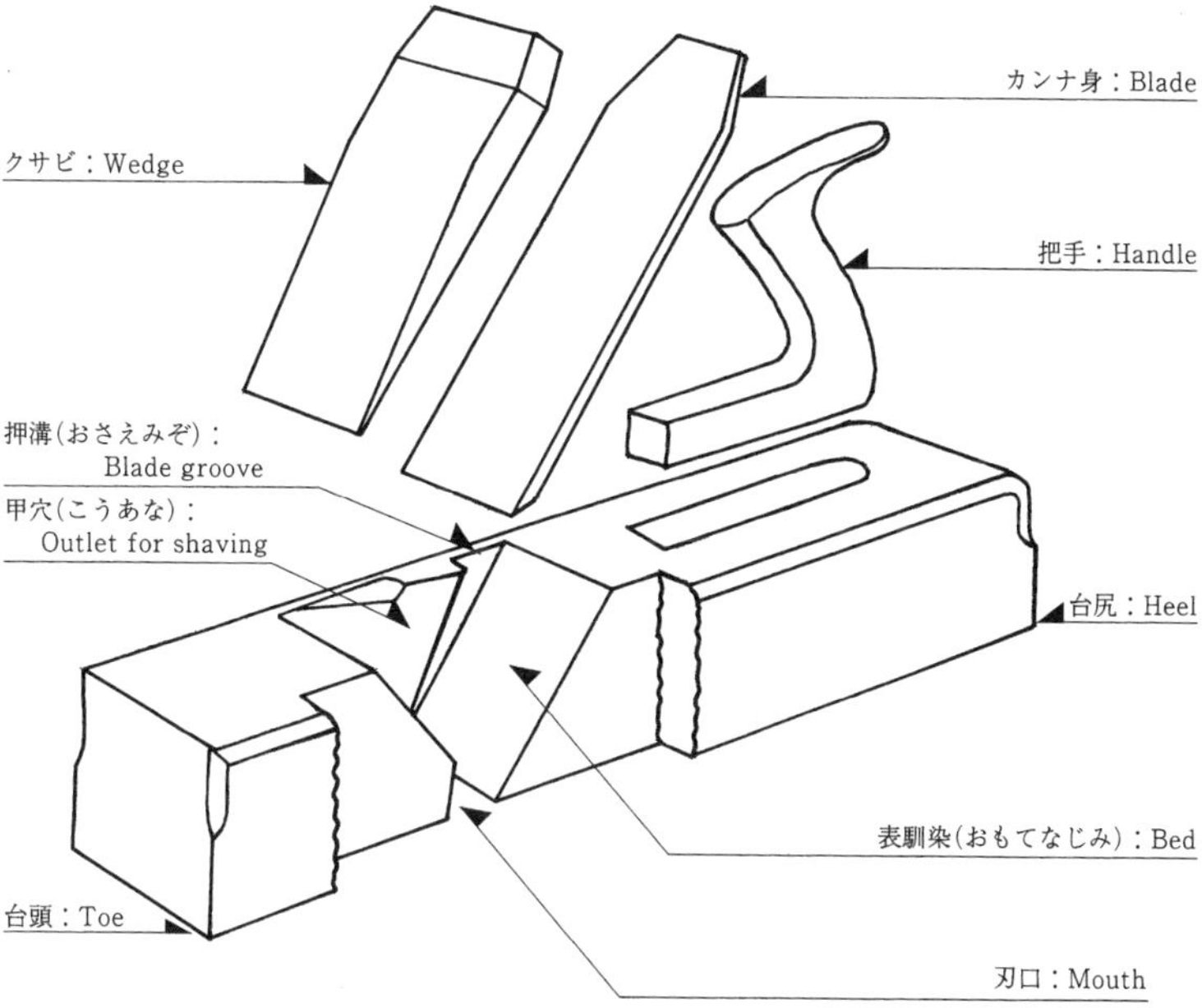

図81　カンナの基本構造

基本構造

ユーラシア大陸東端の島、日本には、建築部材を仕上げ切削する道具として、二種類のカンナがあった。

ひとつは、ヤリカンナ（鑓）である。ヤリカンナの刃部平面形状は笹の葉に類似しており、中軸線と対称に両側に刃部《じんぶ》がある（双刃《そうじん》）。その刃部を側面から見ると、反《そ》り上がっている（側面曲刃《きょくじん》）。この刃部に直棒形状の柄を装着して使用する。

いまひとつは、台カンナ（鉋）である。台カンナは刃部

際鉋			2	入隅際・枘際を切削
曲面鉋	丸（外丸）	0.12，0.14	2	種々の形状の曲面切削
	内丸	0.12，0.14	2	
	反り台	0.14，0.16	2	
面取鉋	荒仕工		1	部材の角部分切削
	仕上		1	
名栗鉋		0.16まで	2	部材の表面を斧はつりに似せて切削
台直鉋		0.12，0.14	2	鉋台の下端を切削

を台に固定して使用する。刃部と台との固定方法として、台の溝と刃部との摩擦力だけで固定するもの、刃部と台との間にクサビを用いるもの、などの種類がある（図81）。

種類の多様性

手道具による木の建築をつくる技術が最高の精度に達したといわれる一九世紀末から二〇世紀前半、建築部材加工を行なう大工の使うカンナには、次のような種類があった。

建築部材の平面を平滑に切削するためのヒラ（平）カンナとナガダイ（長台）カンナが二種類一三点、溝や段欠部分を切削するためのミゾ（溝）カンナ、シャクリ（決）カンナ、キワ（際）カンナが一〇種類一七点、曲面を切削するためのマル（丸）カンナとソリダイ（反台）カンナが三種類六点、部材

表4　日本の近代におけるカンナ

分類	名称	法量 刃幅寸法[尺・寸分]	点数	摘要
平鉋	鬼荒仕工	0.14または0.16	1	平面切削
		0.16	1	〃
	荒仕工	0.16	1	〃
		0.16	1	〃
	むらとり	0.18	1	〃
	中仕工	0.16または0.18	1	〃
		0.18	1	〃
	上仕工	0.18	1	〃
	仕上	0.16または0.18	1	〃
		0.18または0.2以上	1	〃
長台鉋	むらとり	0.16または0.18	1	平面切削，板傍切削
	中仕工	0.16または0.18	1	〃
	仕上	0.16または0.18	1	〃
溝鉋	荒突	0.05	1	敷居・鴨居溝の底面切削
	底取	0.06	1	〃
	脇取		2	敷居・鴨居溝の側面切削
	ひぶくら		2	せまい溝の側面切削
決り鉋	片決り（相決り）	0.04，0.06，0.08	3	相欠面（段欠面）切削
	小穴突	0.015，0.02	2	板溝切削
	機械決り	0.02以上	1	〃
	印籠決り		2	凸面・凹面切削
	横溝		1	敷居溝埋樫用の横溝切削

にある意味での装飾を加えるためのメントリ（面取）カンナとナグリ（名栗）カンナが二種類四点、そしてカンナの台を調整するためのダイナオシ（台直）カンナが一種類二点、以上、少なくとも合計一八種類四二点の台カンナが使われていた（表4）。

ユーラシア大陸東端の島、日本のカンナが、手道具として最高の水準に到達するまでに、大陸の西と東では、どういう変遷があったのだろうか。

西と東における発達

西におけるカンナ

ユーラシア大陸の西、ヨーロッパ文明の源流のひとつであるエジプトにおいて、銅製の木工具が出土している。その主要なものはオノ・チョウナ・ノコギリ・ノミ・キリなどであるが、それらの中にカンナを見出すことができない。

約四五〇〇年前や約三五〇〇年前の壁画にも出土木工具と同じ形状の道具を使っている場面が描かれているが、カンナは確認できない。仕上げ切削道具として描かれているのは、両手で包みこめるほどの大きさの石である。家具などの木製品の表面は、砂を併用しながら、これらの石器を用いて仕上げ切削したと推定される（図82）。

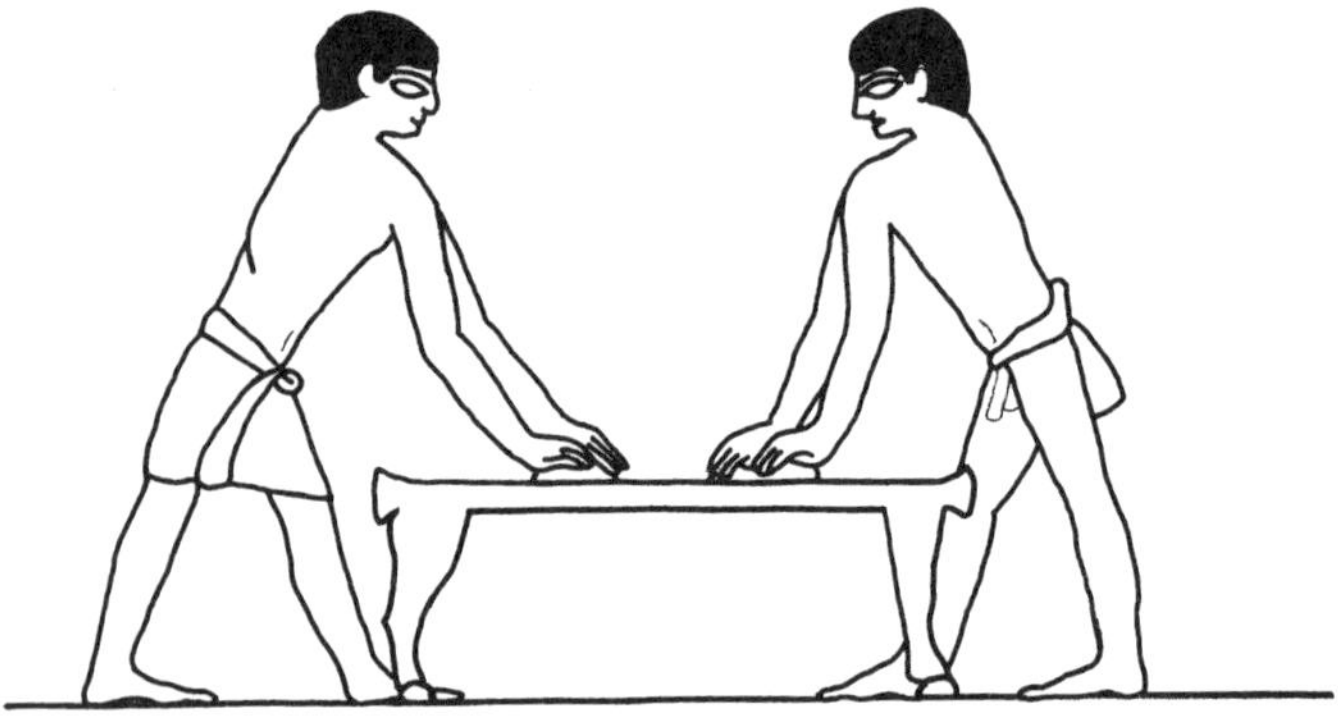

図82　エジプトにおける仕上げ切削道具（約3500年前）

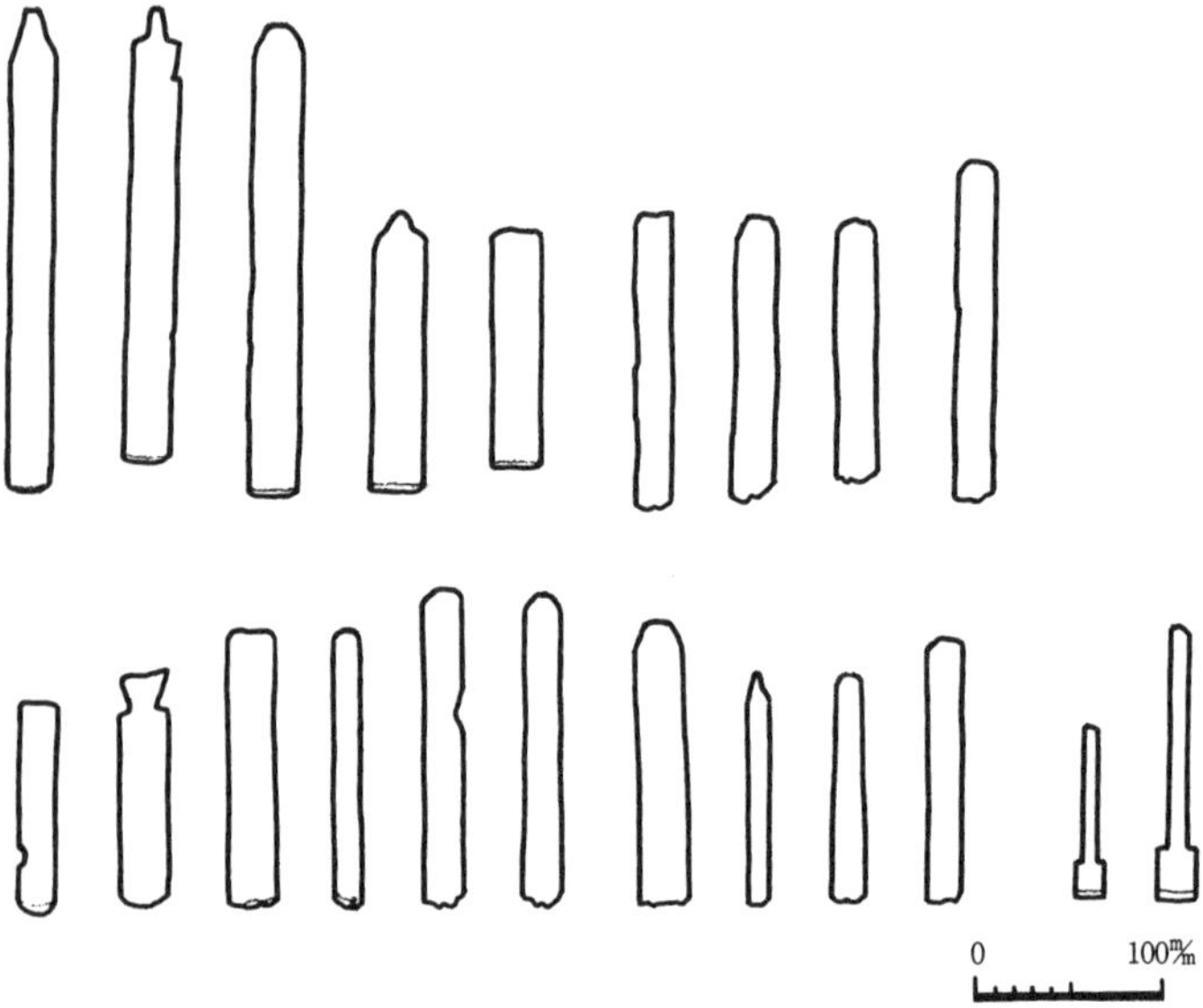

図83　ローマ時代における鉄製のカンナ刃

約二二〇〇年前以降のローマ時代の遺跡からは、さまざまな形状の台カンナの刃が出土している。これらの刃部を観察すると、平面切削用だけでなく、溝切削用や繰型《くりがた》切削用など、後世に見られる台カンナのいくつかの種類がすでに使用されていたことを知ることができる（図83）。

また、ローマ時代における現在のイタリア・ドイツ・フランス・スイス・イギリスなどにあたる地域の遺跡から、さまざまな形式の台カンナが出土している（図84）。

そしてローマ時代の壁画やレリーフなどに、台カンナの使用場面が描かれている。これらの図像資料に共通する描写として、切削対象が作業台にのせられていること、作業者（工人）が立位であること、比較的大型の台カンナを両手で把《つか》んでいること、工人の重心の傾きから推し使いの使用法と考えられること、などをあげることができる（平田・八杉一九七八）（図85）。

中国での仕上げ道具ヤリカンナ

ユーラシア大陸の東、中国において春秋時代（紀元前八世紀から五世紀）後期の遺跡から、ノコギリ・ノミ・キリなどと共に小型の青銅製ヤリカンナが出土している。また戦国時代（紀元前五世紀から三世紀）の遺跡では、木箱に収められたチョウナ・木簡《もっかん》などと共に二点の青銅製ヤリカンナが出土

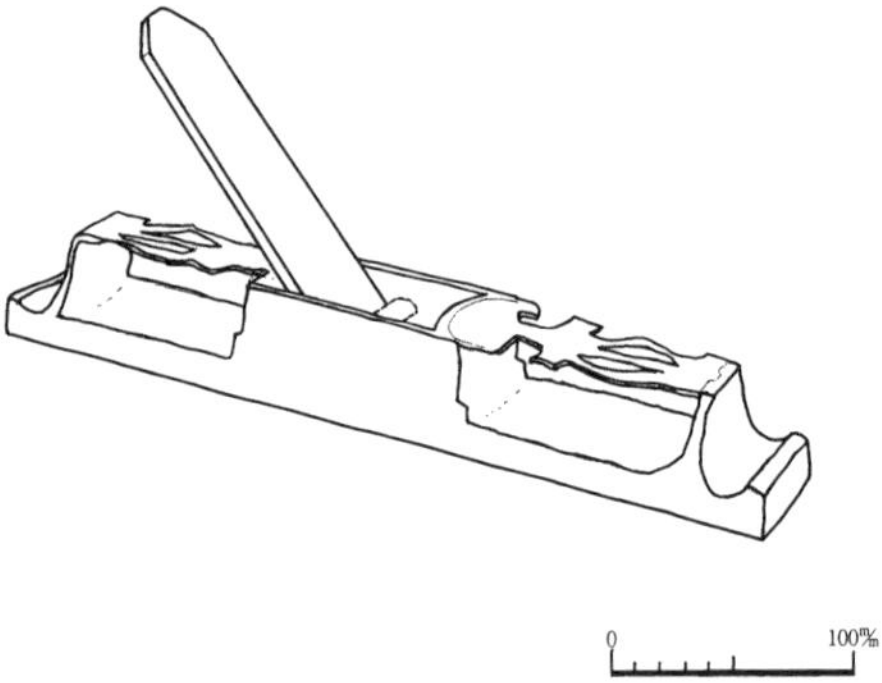

図84　ローマ時代におけるカンナ（ドイツ出土）

図85　ヨーロッパにおけるカンナの使用法
（ローマ時代）

している（図86）。これらの例をはじめ、遺跡から発見されたヤリカンナは、戦国時代以前に青銅製が多く、それ以降は鉄製が多くなる傾向が見られる（潮見　一九八二）。この戦国時代が、青銅製から鉄製への移行期と考えられる。

漢代（紀元前三世紀から後三世紀）に記された文献資料（『釈《しゃく》名《みょう》』）の中に、「鐁」の記述があり、「釿有高下之跡〈チョウナには高下の跡あり〉」「其上而平之也〈その上をこれで平にする〉」と説明されている。すなわち、「釿」で荒切削した「跡」を、「鐁」で仕上げ切削する、といった切削の工程が記されている。この記述により、約二〇〇〇年前の漢代には、ヤリカンナが仕上げ切削用の道具であったことを知ることができる。

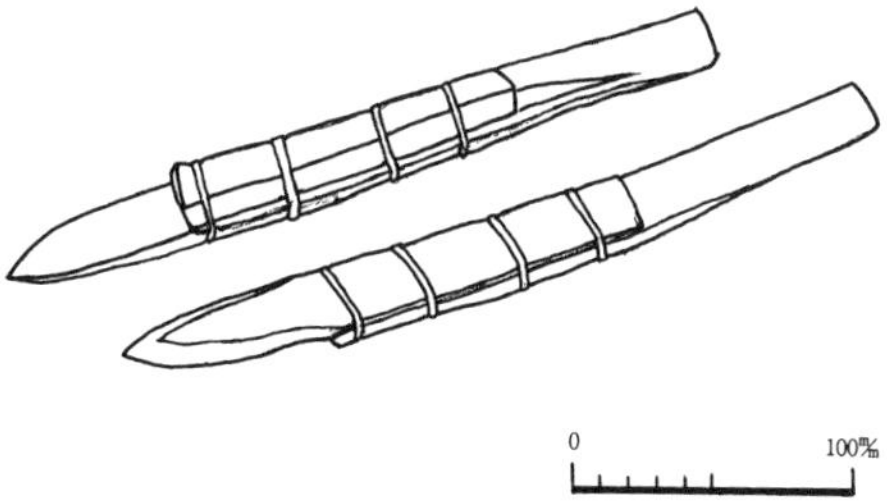

図86　中国における青銅製のヤリカンナ（戦国時代）

唐代（七世紀から一〇世紀）以前の様子を描いたと推定される絵画資料（『断琴図』）には、木工具としてオノ・チョウナ・ノコギリ・ノミなどと共にヤリカンナが描かれている。

これらの資料から、ユーラシア大陸の東、中国においては、唐代以前の仕上げ切削道具はヤリカンナであったこと、台カンナはまだ使われていなかったこと、などを知ることができる。

削る道具として

ユーラシア大陸の西と東において、鉄製道具が普及する約二〇〇〇年前（ローマ時代と漢代）以降、木を仕上げ切削する主要な道具は、西が台カンナ、東がヤリカンナであった。ある時代まで、ユーラシア大陸の西に「台カンナ文化圏」、東に「ヤリカンナ文化圏」が形成されていた、という見方もできる。

一五世紀初めに記された中国の文献資料（『魯班経《ろはんきよう》』）に「鉋」の記載がある。それ以前、一〇世紀の文献資料（『太平御覧《たいへいぎよらん》』）には「鏟」の記述はあるが、「鉋」を見出すことはできない。これらの資料より、中国において台カンナが使われはじめたのは、一〇世紀から一五世紀までの、いずれかの時期と考えられる。この時期の中国は、宋《そう》・元代《げん》（一〇世紀から一四世紀）と明代《みん》（一五世紀から一七世紀）の前半に該当している。

その前の時代からも含めて、木の建築をつくる技術の発展過程を概観すると、隋《ずい》・唐代《とう》（六世紀から一〇世紀）に木造軸部（構造材）を強固にする技術が、宋・元代に造作材を加工する技術が、そして明代に部材接合部（継手仕口《つぎてしくち》）を加工する技術が、それぞれ発達したという（中国〈田中〉一九八二）。

台カンナは刃部を固定して木材表面を移動させるため、ヤリカンナよりも高い精度の平滑な切削面をつくり出すことができる。このことから、中国における台カンナは、宋代から明代にかけて、造作材や継手仕口を精巧に加工する道具として使われはじめたと推定される。特に、ユーラシア大陸の西、ヨーロッパにまで及ぶ世界帝国を形成した元代（一三世紀から一四世紀）において、西から東へ台カンナがもたらされた可能性が考えられる（図87）。

ユーラシア大陸東端の島、日本では、どういうカンナが使われていたのであろうか。

図87　中国におけるカンナの使用法（模写，『太平風会図』15〜16世紀）

日本におけるカンナ

弥生・古墳時代

ユーラシア大陸の東、中国文明の影響を受けた日本においては、約二〇〇〇年前の弥生時代の遺跡から、小型のヤリカンナが出土している。その後、古墳時代も含めた数百年間は、ほとんどが小型で、建築部材の切削が可能な大型の出土例は確認できていない。また、古墳時代以前の遺跡から出土した建築部材にも、チヨウナによる切削痕はあるが、ヤリカンナによるものは、現在のところ見あたらない。

古代・中世の主役ヤリカンナ

建築部材にヤリカンナの切削痕が残されるようになるのは、古代以降である。たとえば七世紀後半の寺院建築（法隆寺金堂《こんどう》）には、刃部の曲率が大きなヤリカンナの切削痕が、七世紀末の寺院建築（法隆寺五重塔）には、刃部曲率の小さなヤリカンナの切削痕が、それぞれ確認できる。また、斗《ます》や肘木《ひじき》などの曲面にも、ヤリカンナの切削痕が残されている。

　このように仏教建築が伝来した古代以降、建築部材の切削を可能とする大型のヤリカンナが使われはじめ、刃部もさまざまな曲率のものに多様化したと考えられる（図88）。

　一三世紀以降、建築工事場面を描いた絵画資料によって、ヤリカンナの使用法を知ることができる。工人の作業姿勢は坐位で、多くが右手で柄の端部近くを握り、左手で刃部の近くを握って、引き使いをしている。また、少数例であるが、推し使いをしている場面も見られる。

　仕上げ切削道具の主役がヤリカンナであった古代・中世に、ヤリカンナ以外の切削痕が残る建築部材がいくつか見られる。

　第一に、一四世紀初めの寺院建築（金剛峯寺不動堂《こんごうぶじふどうどう》、和歌山県）の垂木《たるき》側面に、刃幅八分（約二四ミリ）ほどのノミの刃先を木片等で固定して切削したと推定される刃痕が残っている。

　第二に、一五世紀中ごろの寺院建築（正蓮寺大日堂《しょうれんじだいにちどう》、奈良県）の天井板に、わずかな凹みのある直線状の切削痕が一定の幅で残っている。

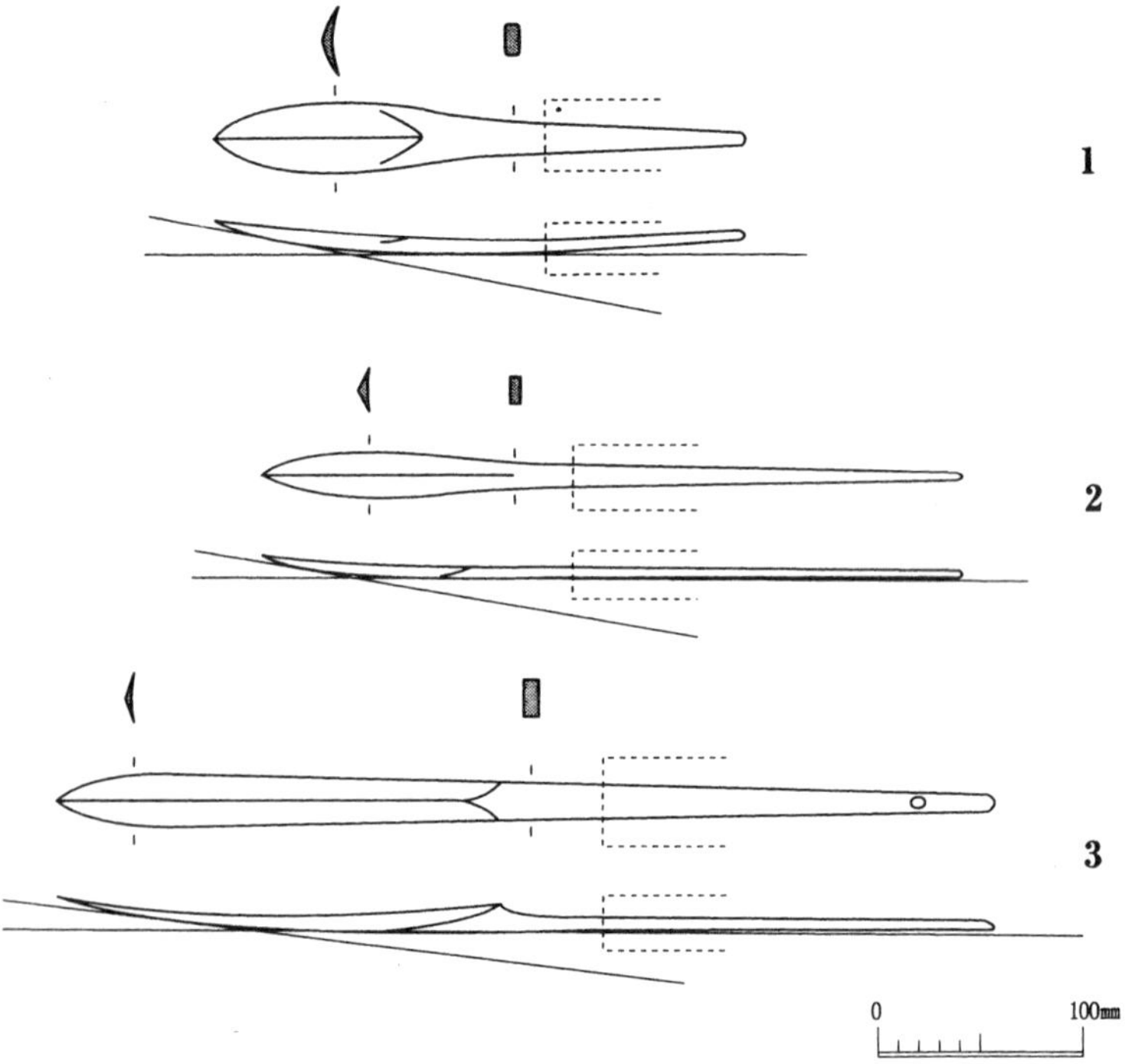

図88　日本におけるヤリカンナ

1. 尾崎遺跡出土（岐阜・8～10世紀），2. 一木ノ上遺跡出土（大分・11～12世紀），
3. 興福寺北円堂発見（奈良・13世紀）

そして第三に、一四世紀初めの寺院建築（前掲）の鴨居《かもい》に、溝側面を通りよく仕上げ切削した刃痕が残されている。溝側面と溝底面の境界に直線状の刃痕が走っていることから、コガタナ（小刀）の刃部を木片等で固定した道具を使用したと考えられる。

これら三つの事例の内、前二者は平面切削用の原初的台カンナが、三番目の事例は溝切削用の原初的台カンナが、それぞれ使われていた可能性がある（図89）。

これらの事例が見られる一四世紀から一五世紀にかけては、縦挽製材用のノコギリ（大鋸・オガ）が出現・普及していった時期である。それ以前の製材は、オノやノミであけた穴にクサビを打ち込んで割裂させる方法（打割製材）で行なわれていた。打割製材の場合、割裂面をチョウナで荒切削し、ヤリカンナによって仕上げの切削をしていた（図90）。オガによる挽割製材でも、挽割面に凹凸がある場合、チョウナで荒切削した例（『白山《はくさん》神社扁《へん》額《がく》』、滋賀県『』）も見られるが、多くの場合、挽割面をそのまま仕上げ切削したと考えられる。

このように、仕上げ切削の前段階にあたる部材表面が製材法の変革によってより平滑な状態になったことから、ヤリカンナ以外の仕上げ切削道具が工夫されていったのであろう。

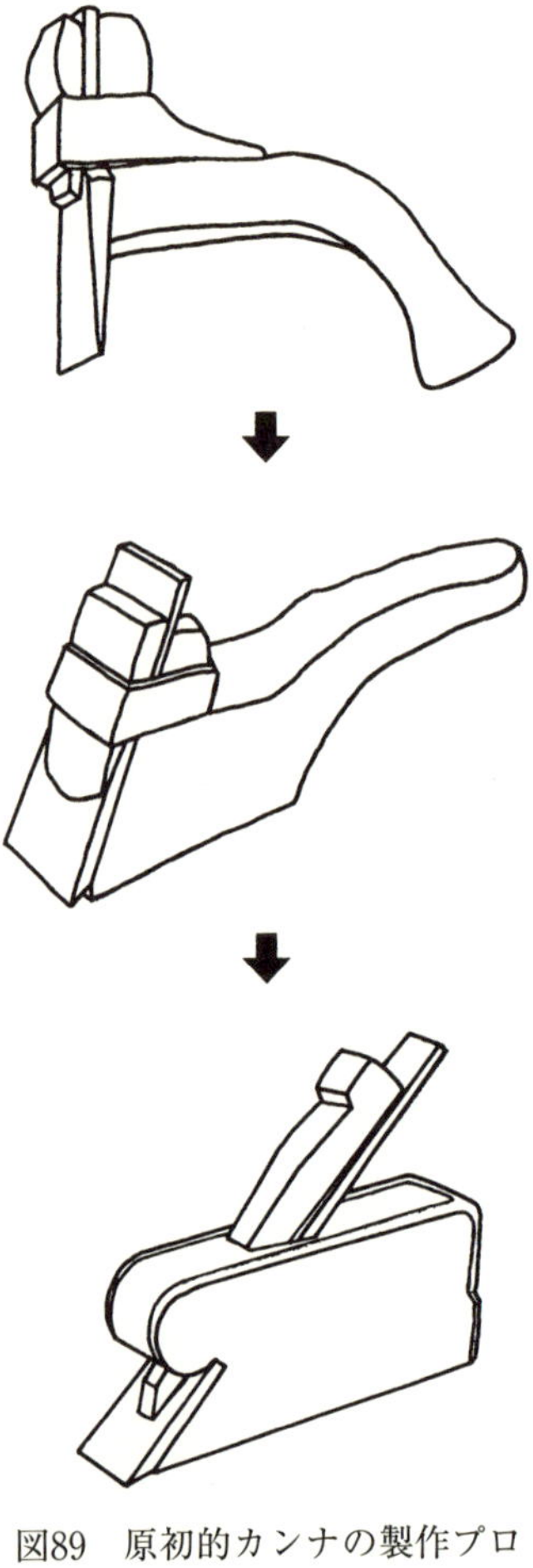

図89　原初的カンナの製作プロセス（推定）

図90　日本の中世における製材から仕上げ切削までの工程（模写，『松崎天神縁起絵巻』1311年）

近世での急速な発達

現在発見されている日本最古の台カンナは、大坂城の一六世紀末（一五九〇年代）の地層から出土したものである。一方の端部が欠損しているが、当初の寸法は、長さ七寸（約二一〇ミリ）、台幅一寸五分（約四五ミリ）、刃口幅一寸三分（約三九ミリ）、刃部の有効機能幅は一寸二分（約三六ミリ）くらいであったと推定される。かなり使い込まれたもので、一人の工人が二〇年以上使用していたとすれば、中世末の台カンナの可能性もある（図91）。

刃部幅一寸二分の切削痕は、一七世紀初めの寺院建築（正法寺《しょうほうじ》本堂、京都府）の床板にも残されており、この時代の絵画資料（『喜多院《きたいん》職人尽絵《つくしえ》』）にも、幅の狭い台カンナが描かれている。

一八世紀中ごろの文献資料（『和漢船用集《わかんせんようしゅう》』）には、台カンナの刃幅が「一寸二分」から「二寸」まで二分きざみで五種類記述され、切削工程も「荒」「中」「上」の三段階が説明されている。一七世紀前後の台カンナは、「荒」段階の刃部幅に相当している。日本における台カンナは、比較的幅の狭い台カンナから、百数十年の間に刃幅の広い台カンナも含めた編成へと急速に発達していったものと考えられる（図92）。

また、一八世紀中ごろには、平面切削用だけでなく、溝切削用・曲面切削用など、近代

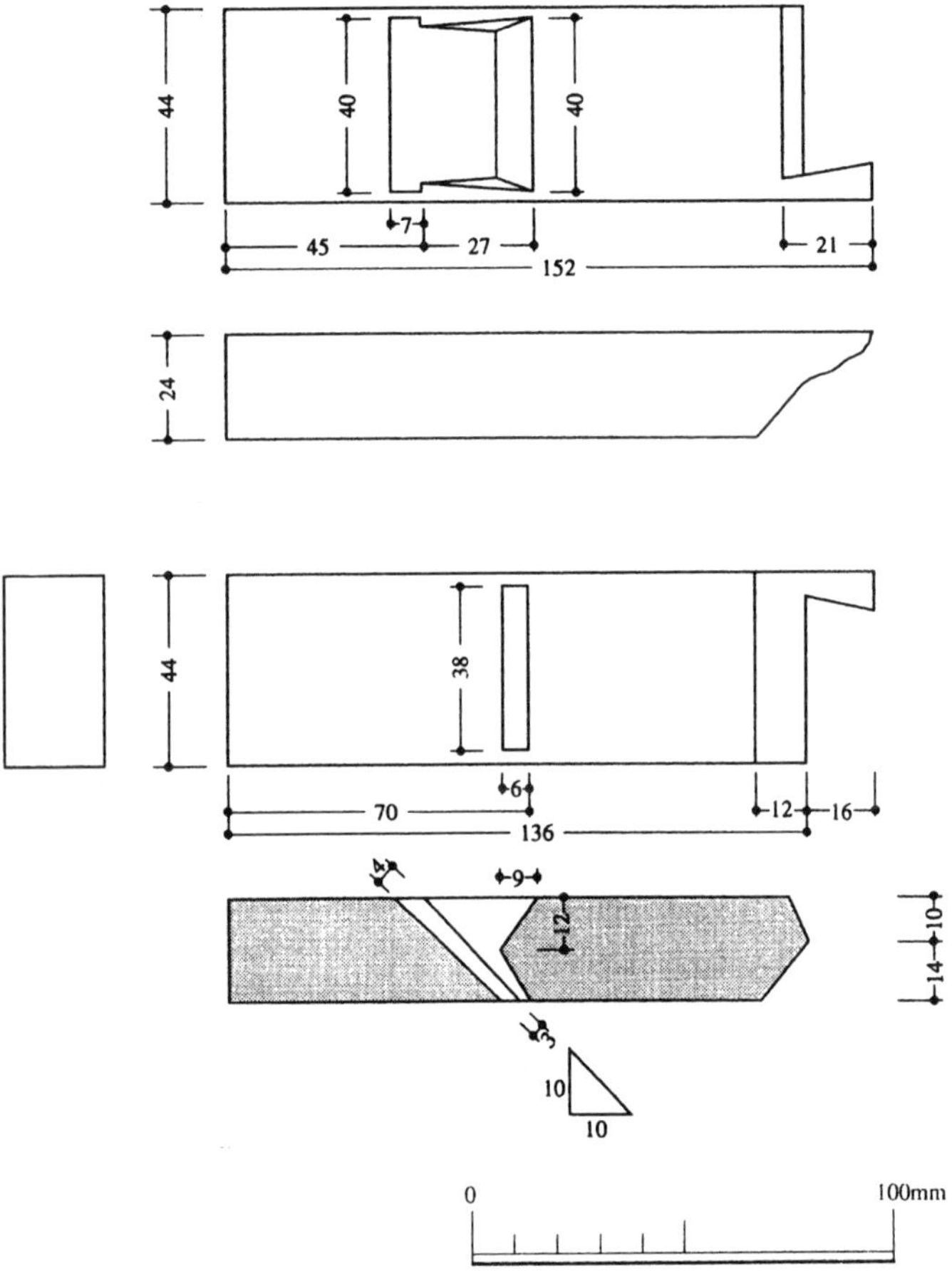

図91　中世末の可能性を残す日本最古の台カンナ（大坂城跡出土，16世紀後半）

以降に見られる台カンナの種類がほぼ出揃っている（図93）。

ヤリカンナと台カンナ

ユーラシア大陸の西と東において、「台カンナ文化圏」と「ヤリカンナ文化圏」が形成されていた。建築部材を切削する道具が鉄製となって以降、西においては現代まで二〇〇〇年以上、「台カンナ文化圏」が続いている。一方、東においては、ヤリカンナが鉄製となってから一二〇〇年から一三〇〇年後に、「ヤリカンナ文化圏」から「台カンナ文化圏」への移行が生じたと考えられる。

その要因は、日本の一八世紀初めの文献（『和漢三才図会《わかんさんさいずえ》』）に記述されていたように、台カンナによる切削がヤリカンナよりも「甚《はなはだ》捷《はやく》且《かつ》精密《せいみつ》」であることにあった。すなわち、仕上げ切削の効率と精度に格段の違いがあったことが最大の要因と考えられる。その背景に、ユーラシア大陸の東において、木の建築をより美しく、精巧につくり上げようとする建築生産史上の大きな流れがあったと推定される。

東端の島、日本においては、この「文化圏」移行の時期に打割製材から挽割製材への製材法の大変革があり、それと連動して原初的台カンナの試行錯誤が続けられたと考えられる。一六世紀後半に使われていた現存最古の台カンナ（大坂城跡出土）は、刃の部分を台の両脇に彫られた押溝《おさえみぞ》との摩擦力だけで固定する構造となっている。ヨーロッパや中国

図92　日本の近世初めにおける台カンナとヤリカンナの併用（模写，『三芳野天神縁起絵巻』17世紀中ごろ）

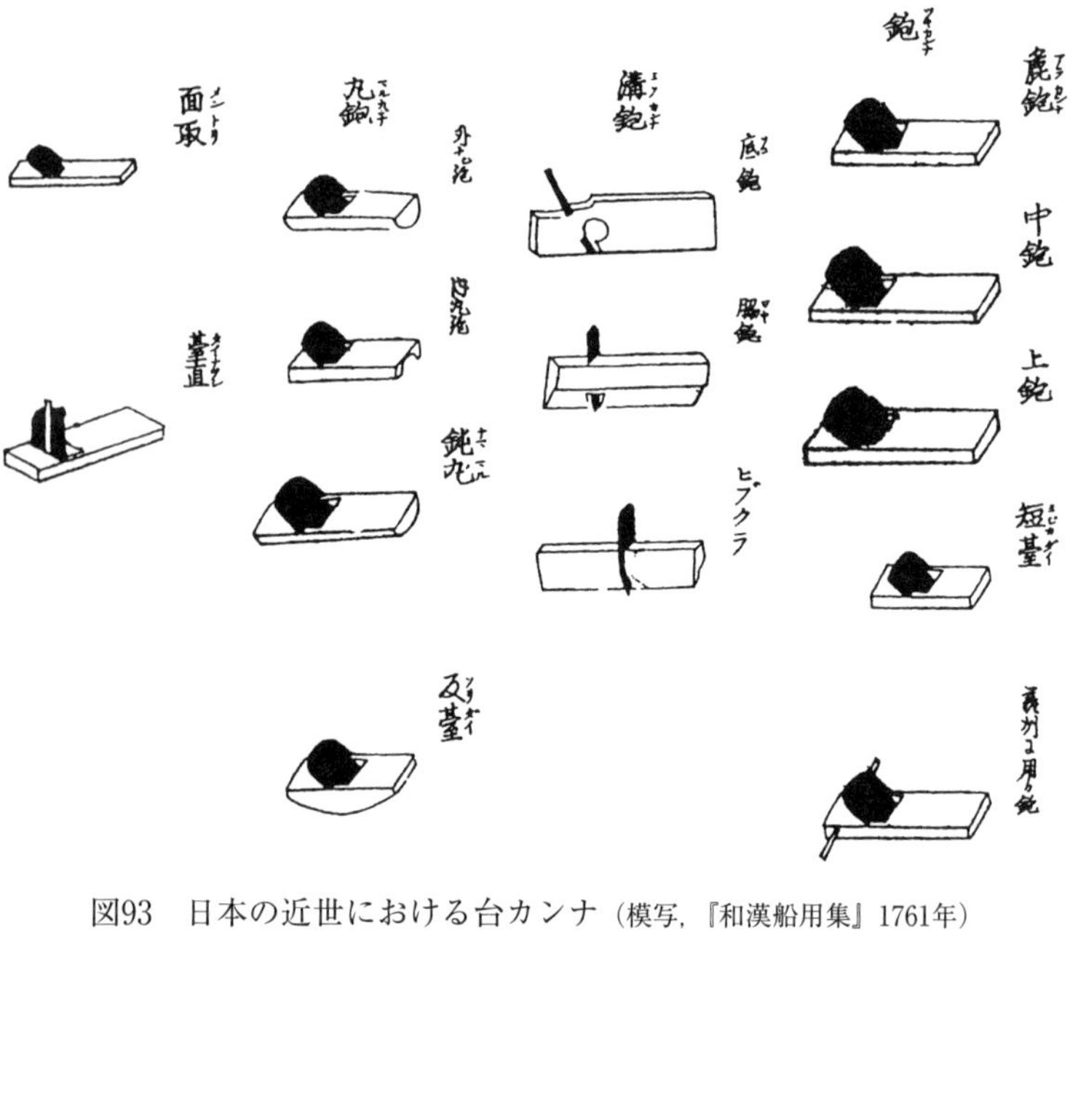

図93　日本の近世における台カンナ（模写，『和漢船用集』1761年）

の台カンナは、クサビやネジを用いて刃の部分を固定している。しかも台を直接把《つか》むのではなく、垂直方向や水平方向にのびた把手《とって》（グリップ）を握る構造である。日本の台カンナと比較すると、刃先から伝わる微妙な手応えがクサビと把手によって二重にブロックされる構造といえる。

そして使用法は、日本の台カンナが引き使い、ヨーロッパと中国は推し使いである。これも微妙な切削のコントロールと密接に関連している。建築部材の表面の木理は一様ではなく、節もある。それを刃先から伝わる手応えによって微妙にコントロールしながら美しく切削するためには、引き使いでなければならない。筆者はユーラシア大陸を中心に世界のカンナを調査してきたが、現在確認できた範囲では、台カンナの引き使いは日本だけである。

日本の台カンナは、一四世紀から一五世紀にかけての原初的台カンナの工夫を経て、日本独自の構造と使用法に到達したと考えられる。その改良に、ヨーロッパや中国の台カンナの影響があった可能性は残るが、基本的には、日本の工人たちが独自につくり出したものと推定される。

東西の墨掛道具

スミツボとラインマーカー

スミツボの基本形式

機　能

スミツボ（墨壺・墨斗）は、木の建築をつくる工程の中で、製材段階と部材加工段階に主として用いる道具である。

製材段階では、製材しようとする板や角材の幅を、長い直線でしるす。また、部材加工段階では真墨《しんずみ》や溝幅を長い直線でしるし、接合部の形状をスミツボ・スミサシ・サシガネを用いて部材表面にしるす。

基本構造

スミツボは使用する工人との位置関係で、前方部と後方部によって構成されている。

前方部には、墨を浸潤《しんじゅん》させた墨綿《すみわた》をおさめる墨池《すみいけ》がつくられている。後方部には墨糸《すみいと》

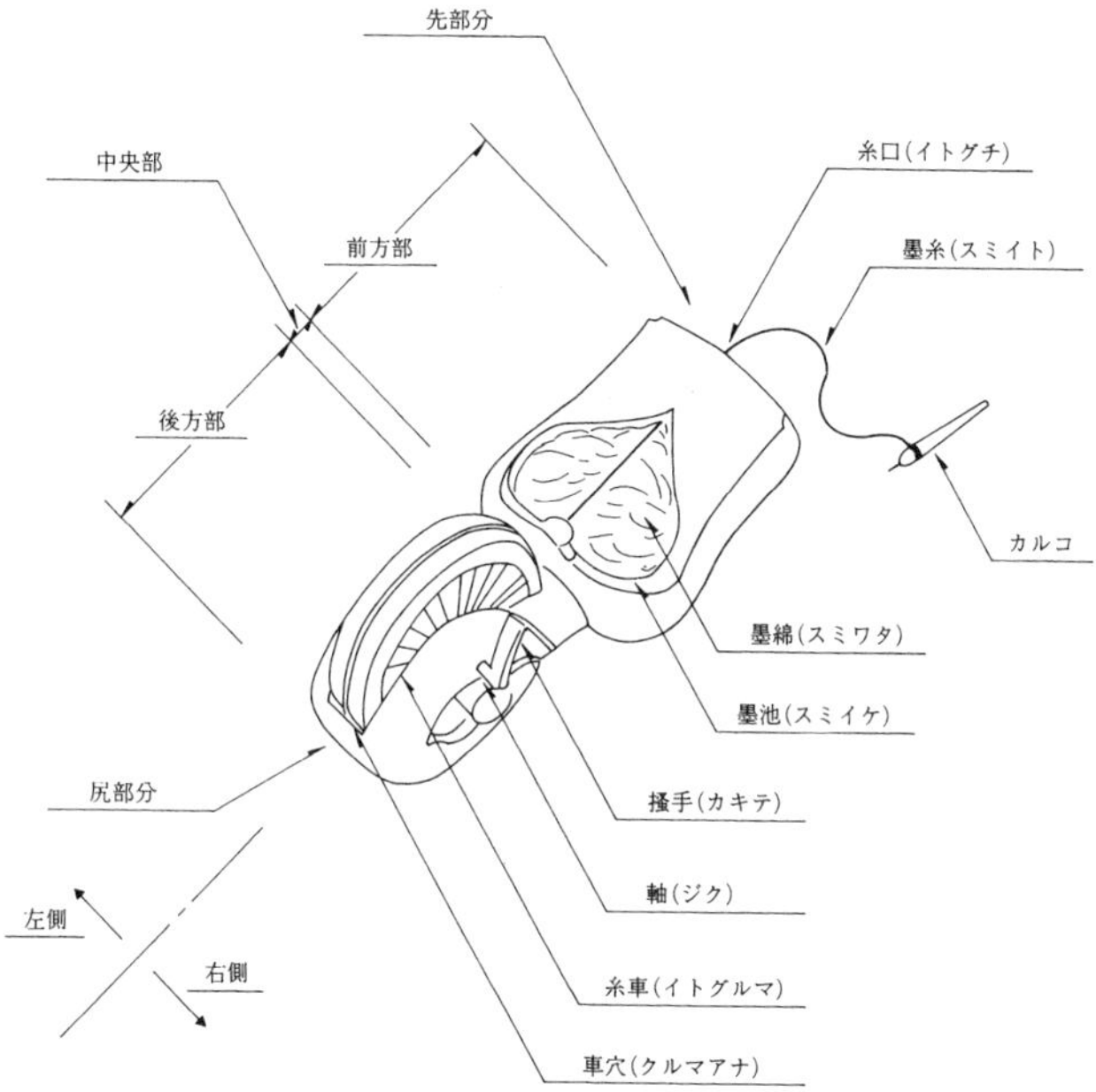

図94　スミツボの基本構造

を巻く糸車《いとぐるま》と、それを回転させる軸と掻手《かきて》が装着されている。

墨糸が後方部の糸車から引き出され、前方部の墨綿を通過することによって墨糸に墨が含まれ、その墨で長い直線をしるすことができる（図94）。

種　類

手道具による木の建築をつくる技術が、最高の精度に達したといわれる一九世紀末から二〇世紀前半、建築部材加工を行なう大工

表5　日本の近代における墨掛道具

分類	名称		法量	点数	摘要
部材全般墨掛	スミツボ		8寸	1	墨用
	スミサシ		5分	1	墨用
	サシガネ		1尺5寸 7寸5分	1	目盛付の直角定規として様々な用途に使用
造作材墨掛	スミツボ		6寸	1	朱墨用
	スミサシ		4分	1	朱墨用
	ケビキ	筋ケビキ		1	細い線を罫書するために使用
		二枚ケビキ		1	二本棹ケビキとも呼称する．1度の調節で2本の罫書ができる

の使うスミツボには、次のような種類があった。

建築部材全般に墨付けを行なうスミ（墨）ツボと、造作材の墨付けを行なうシュ（朱）ツボとの、少なくとも合計二種類二点が使われていた（表5）。

ユーラシア大陸東端の島、日本のスミツボが手道具として最高の水準に到達するまでに、大陸の西と東ではどういう変遷があったのだろうか。

西と東における墨掛道具

西におけるラインマーカー

ユーラシア大陸の西、ヨーロッパ文明の源流のひとつであるエジプトにおいて、約四六〇〇年前の遺跡（ゴーラブ）壁面に、格子状にしるされた赤色の線が残っている（吉村・中川他　一九九六）。

約三五〇〇年前に編まれたギリシアの文献（『ギリシア詩華集』）には、建築用の墨掛道具として、「ライン・アンド・オーカーボックス」の記述がある。「オーカー」とは、鉄の酸化物を含む黄・赤色粘土のことである。この記述から、ギリシア時代において、赤色系の着色剤を入れた容器（箱）と紐とが、墨掛道具として使われていたことが推定される。

その形状や使用法は、一四世紀以降の絵画資料で見ることができる。これらの絵画資料

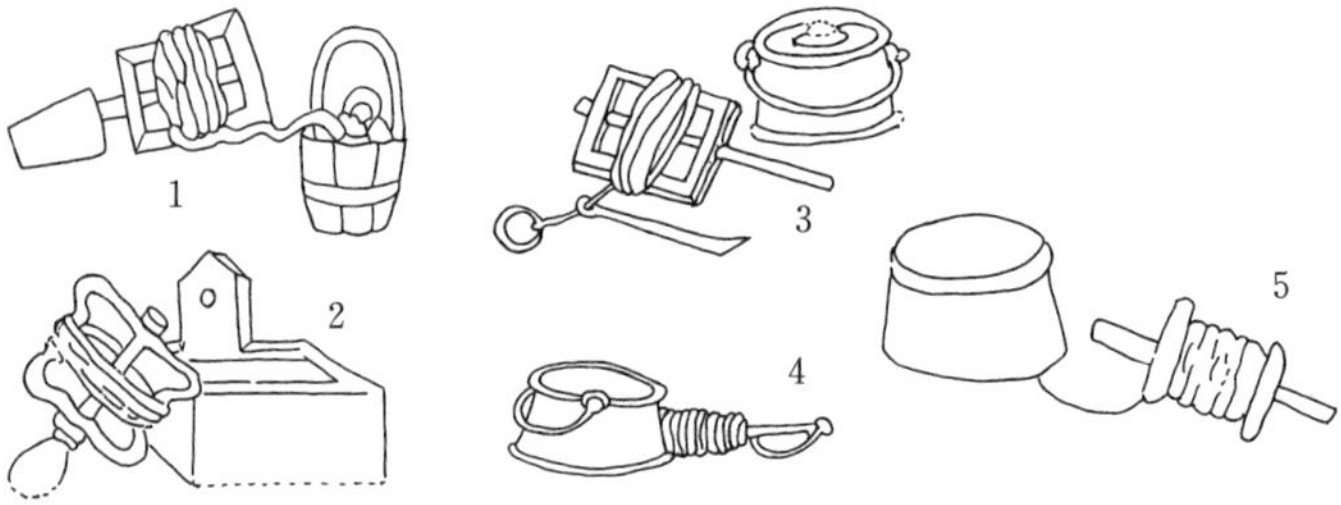

図95　ヨーロッパにおけるラインマーカー
1.15世紀，2.16世紀，3.16世紀，4.16世紀，5.18世紀

の建築工事場面において、深皿・小型の樽・金属製のポット・木製の箱などを着色剤の容器とし、棒やリールに巻いた紐を引き出して、長い直線をしるしている様子が描かれている（図95〜97）。

東におけるスミツボ

ユーラシア大陸の東、中国において、殷《いん》代（紀元前一七世紀から一一世紀）に関する記述を引用した文献（『広韻《こういん》』）の中に、建築用の墨掛道具として「緒縄《そほなわ》」の記述がある。「緒」とは赤土を意味していることから、「緒縄」は赤色系着色剤を用いた墨掛道具と考えられる。

また、戦国時代（紀元前五世紀から三世紀）や南北朝時代（紀元後五世紀から六世紀）の文献（『素問《そもん》』『涅槃経《ねはんぎょう》』）などに、「墨縄」の記述があり、これは黒色系着色剤を用いた墨掛道具と推定される。

そして一一世紀（宋代）以降の文献には、「墨斗」の記

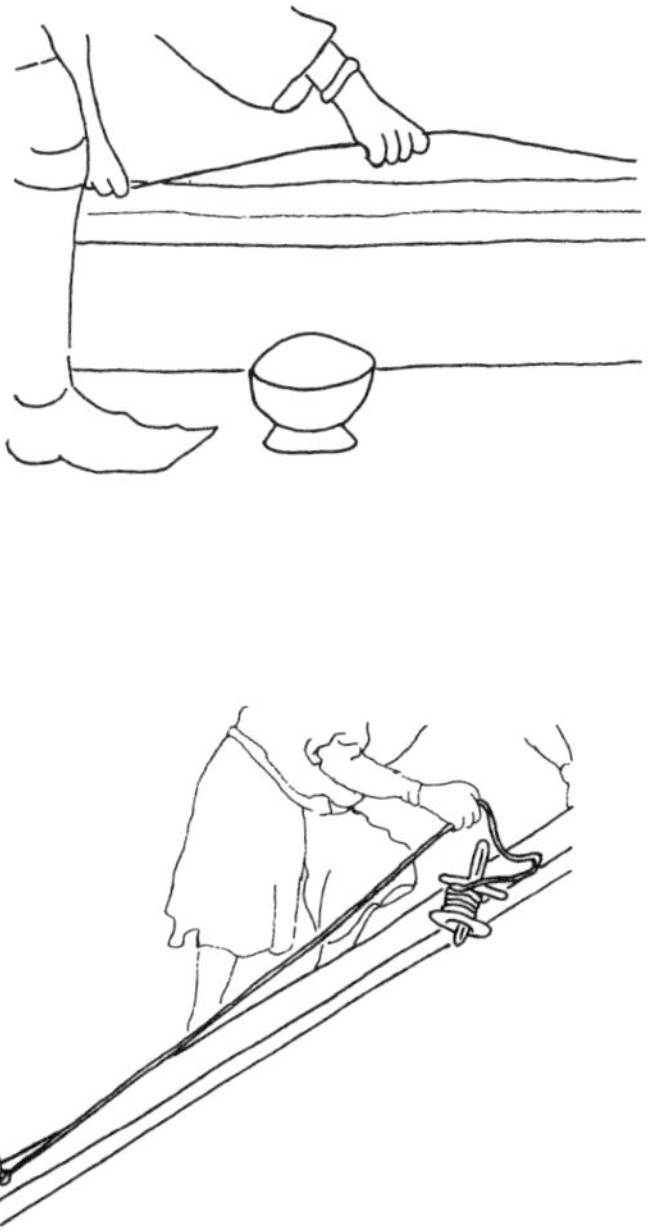

図96　ヨーロッパにおけるラインマーカーの使用法［1］
上：14世紀　下：15世紀

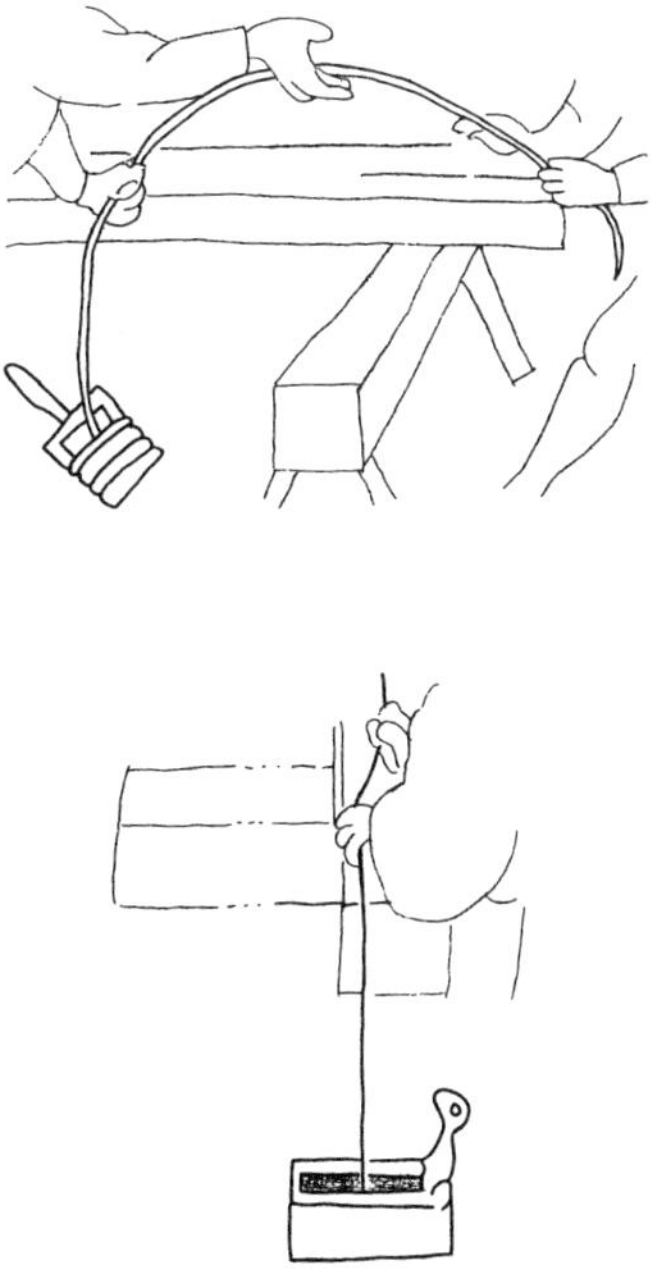

図97　ヨーロッパにおけるラインマーカーの使用法［2］
上：15世紀　下：16世紀

述が見られ、これが着色剤容器と紐（糸）とが一体化した墨掛道具を表記したものと考えられる（表6）。その形状はいくつかの文献に描かれている（図98）。

墨掛道具としてのスミツボ

建築部材に長い直線をしるす道具の原型のひとつは、ユーラシア大陸の西、ヨーロッパが「ライン・ア

表6　中国の文献資料に記された墨掛道具

時代	文献資料	墨掛道具名称		
	名　　称	緒縄	縄墨	墨斗
戦国	『孟子』		○	
	『素問』		○	
南北朝	『大般涅槃経』		○	
宋	『広韻』	○		○
明	『正字通』			○
	『三才図会』			○(挿図)
清	『魯班経』			○(挿図)

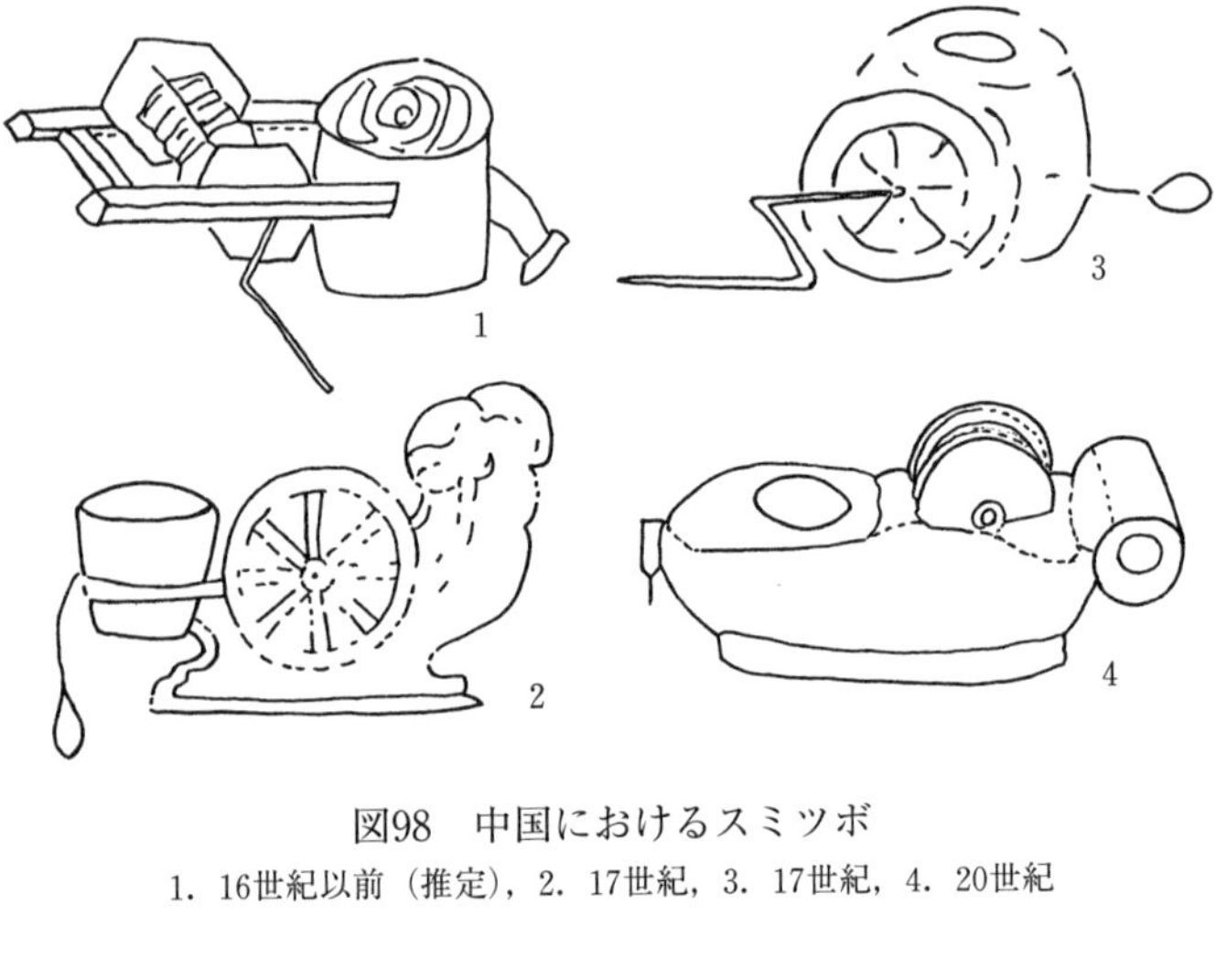

図98　中国におけるスミツボ

1. 16世紀以前（推定），2. 17世紀，3. 17世紀，4. 20世紀

ンド・オーカーボックス」、ユーラシア大陸の東、中国が「赭縄」であったと考えられる。西と東いずれにおいても、赤色系着色剤を用いた墨掛道具である。

その後、ヨーロッパにおいては、赤色以外の着色剤も含めて容器と紐とが分離したまま推移し、中国においては、ある時代に一体化し、スミツボとして使用されるようになったと考えられる。

中国文明の影響を受けてきた日本では、どういう墨掛道具が使われてきたのであろうか。

日本におけるスミツボ

日本における六世紀以前の墨掛道具に関しては、実物資料の出土例や墨線がしるされた建築部材の出土例を現在のところ確認できていない。

弥生・古墳時代

しかし、磨製石器を用いてクリの柱に貫通したホゾ穴をあけていた縄文時代（桜町遺跡約四〇〇〇年前、富山県）も含め、真墨《しんずみ》をしるすための原初的な墨掛道具は使われていたと考えられる。

たとえば八世紀に編まれた『日本書紀《にほんしょき》』の「雄略記《ゆうりやくき》」（五世紀）に、「スミナワ」の記述が見られることから、少なくとも古墳時代には、着色剤容器と紐とが分離した原初的な墨掛道具が使われていたのであろう。

表7　日本の文献資料に記された墨掛道具

世紀	文献資料 名称	スミナワ 墨縄	縄墨	枡	その他	スミツボ 墨坩	墨頭	墨壺	墨窪	墨斗	その他
8 C	『日本書紀』	○									
	『万葉集』	○				○					
	『正倉院文書』	○					○	○	○		
9 C	『新撰字鏡』			○			○			○	
10 C	『延喜式』	○									
	『倭名類聚抄』		○							○	
12 C	『色葉字類抄』		○							○	
13 C	『字鏡集』			○							
14 C	『天竜寺造営記録』							○			
	『神宮遷宮記』							○			
15 C	『内宮・外宮遷宮記』							○			
	『撮壌集』									○	
	『類集文字抄』			○						○	
16 C	『塵添壒嚢抄』		○							○	

古代・中世　古代・中世の文献には、スミナワの表記として「墨縄」「枡」「縄墨」、スミツボの表記として「墨坩」「墨頭」「墨壺」「墨窪」「墨斗」などが見られる（表7）。

実物資料としては、八世紀の遺跡（栄根《さかね》遺跡　兵庫県）から出土したものや一三世紀の建造物（光明寺二《に》王門《おうもん》　京都府）から発見されたものなどがある。

一三世紀以降の絵画資料に描かれたスミツボは、先部分

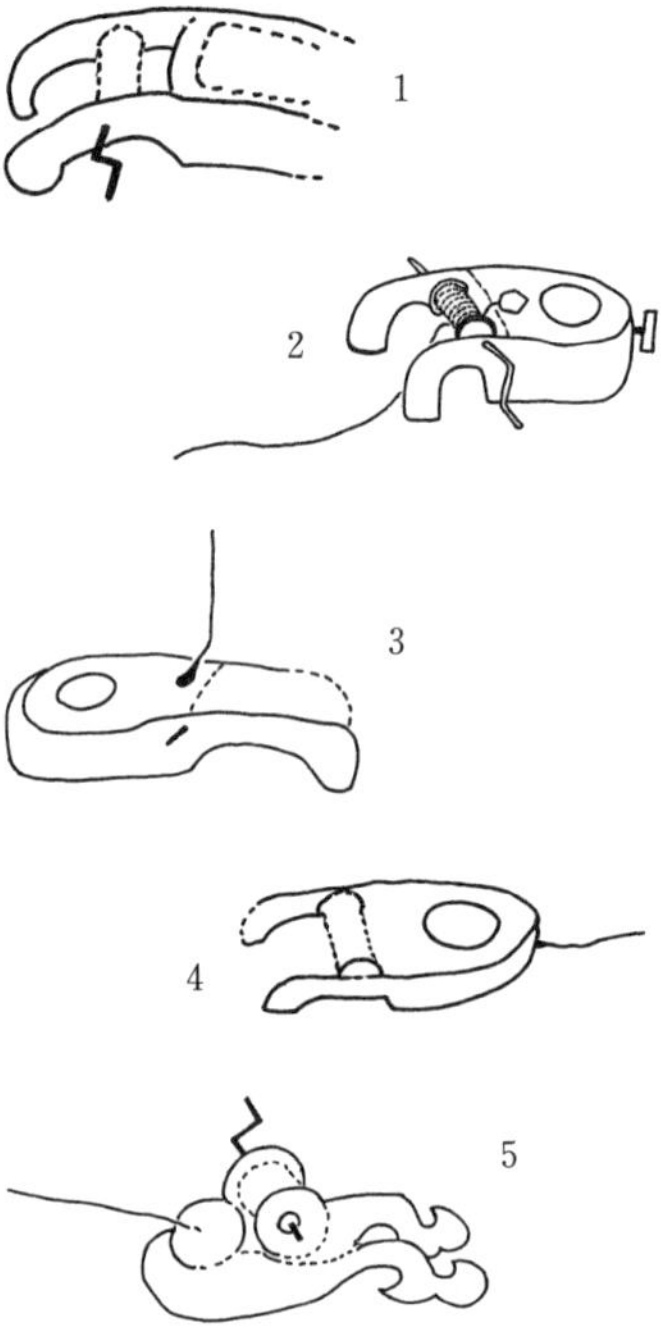

図99　日本の中世におけるスミツボ（模写）

1.『北野天神縁起』（1219年頃）
2.『春日権現験記絵』（1309年）
3.『松崎天神縁起絵巻』（1311年）
4.『誉田宗廟縁起』（1433年）
5.『真如堂縁起絵巻』（1524年）

の平面形状がさまざまで、尻部分はすべて開放形状（尻割れ形）である。また、平面は全体に同じ幅で、片手で把むことができる（図99）。

そして中世の絵画資料では、墨糸の端部を「童《わらわ》」が固定している（図100の1～7）。

近世での発達

一八世紀の文献資料（『和漢船用集』）に、「古《いにしえ》之《の》匠人《たくみ》用緒縄《そほなわをもちいる》」「即《すなわち》今《いま》之《の》墨斗《すみつぼ》也《なり》」と記されている。この記述より、「古」はスミナワ（ソホナワ）を、「今」はスミツボを使う、といった墨掛道具の変遷をうかがうことができる。

なお、スミツボの表記は、近世になると「墨壺」か「墨斗」のいずれかに統一される。

図100　日本におけるスミツボの使用法（模写）

1.『当麻曼荼羅縁起』(13世紀中頃)，2.『春日権現験記絵』(1309年)，3.『松崎天神縁起絵巻』(1311年)，4.『弘法大師行状絵詞』(1374〜89年)，5.『大山寺縁起絵巻』(1398年)，6.『誉田宗廟縁起』(1433年)，7.『真如堂縁起絵巻』(1524年)，8.『三芳野天神縁起絵巻』(17世紀中頃)，9.『行基僧正絵伝』(17世紀後半)，10.『三井寺本堂奉納額』(1689年)，11.『近世職人尽絵詞』(1805年)

近世のスミツボの形状は、文献挿図と絵画資料によって次のような変遷が見られる。一七世紀は中世からの影響が残り、全体が同じ幅で尻部分の開放形状のものが、一八世紀は全体が同じ幅で尻部分の閉鎖形状のものが、そして一九世紀は、前方部（墨池）の幅が広く後方部（糸車）の幅が狭い、尻部分の閉鎖形状のものが、それぞれ見られる（図101）。

また、中世以前は「童」が固定していた墨糸を、カルコの針で固定している様子が、一七世紀後半以降の絵画に描かれるようになる（図100の10）。

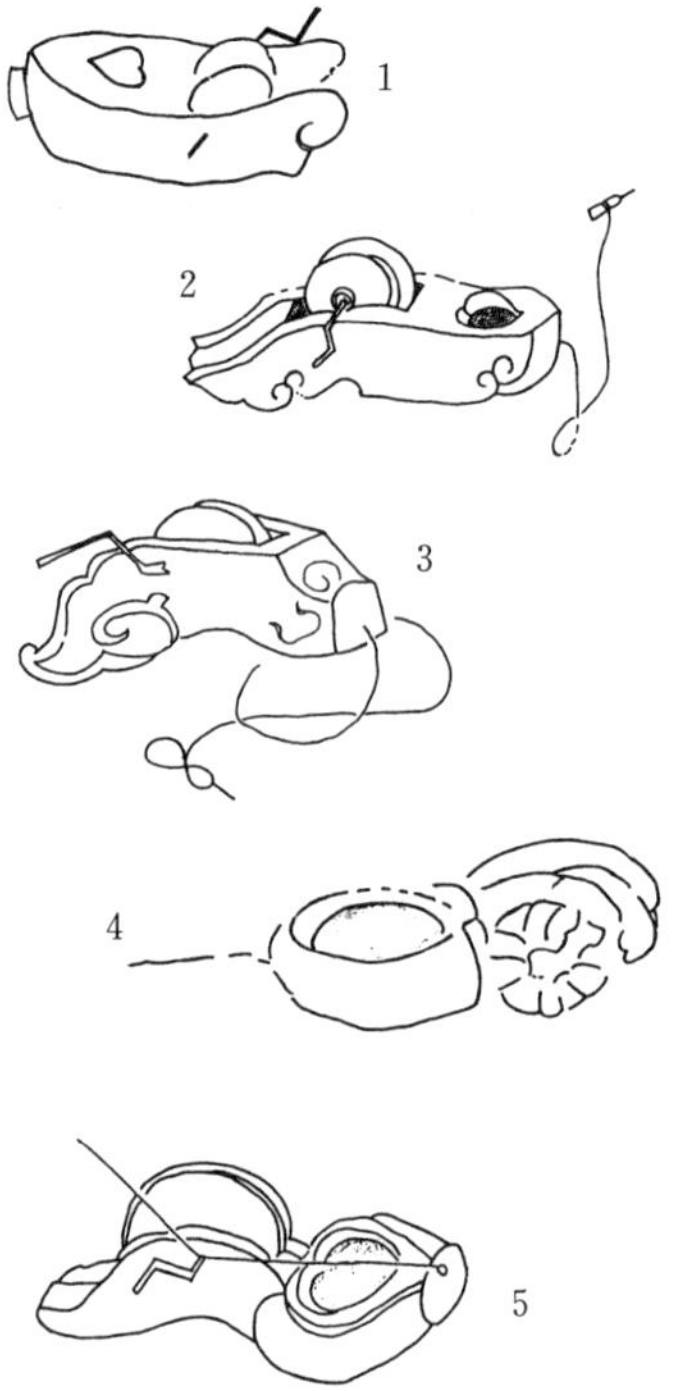

図101　日本の近世におけるスミツボ（模写）

1.『三芳野天神縁起絵巻』（17世紀中頃）
2.『和漢三才図会』（1712年）
3.『彩画職人部類』（1784年）
4.『近世職人尽絵詞』（1805年）
5.『規矩真術軒廻図解』（1847年）

東西の異なる変遷

建築部材に長い直線をしるす道具は、ユーラシア大陸の西と東において異なる変遷をたどっていた。

西においては、着色剤容器と紐とが分離したまま、一体化することなく使われ続けた。一方、東においては、分離した道具から一体化したスミツボへの発展があった。その時期は、鉄製の道具を用いて大規模な木の建築をつくるようになった漢代（紀元前三世紀から紀元後三世紀）ころではないだろうか。

ユーラシア大陸東端の島、日本では、六世紀後半、大陸からの仏教寺院建築の様式と技術が導入された時期に、スミツボも使われるようになったと推定される。その後一七世紀ころまでの約一〇〇〇年間、全体平面形状が同じ幅で、後方部分が開放形状（尻割れ形）のスミツボが使われ続けた。一八世紀ころに後方部分の閉鎖形状のものが、一九世紀ころに前方の幅が広く後方の幅が狭い平面形状のものが、それぞれ出現したと考えられる。

後方部分開放形状のスミツボは、糸車が籠《かご》型か糸巻《いとまき》型のものが多い。比較的太い糸（あるいは紐）を巻くことが可能な形であるが、強い力で把んだり落下させたりすると破損しやすい構造である。後方部分の強度を向上させるために、閉鎖形状のスミツボがつくられたのではないだろうか。

スミツボの後方部分が閉鎖形状になると、糸車も車輪型に変化していく。一九世紀ころには車輪型の糸車の径がより大きくなり、その結果、後方部の平面形状は幅が狭く変化する。一方、前方部は相対的に広くなり、墨池部分にたっぷりと墨を含ませることができるよう、さらに前方部の幅が広くつくられるようになったと推定される。

これらの形状変化の背景には、一八世紀から一九世紀にかけての建築生産面での動きが要因になったと考えられる。建築工事を急いで進める過程で、スミツボを落下させても破損しない構造への強化、細い墨糸を少ない回転数で送り出す（巻き戻す）ための糸車の径・幅の変化、細い墨糸は墨付けの精度に、早い回転は作業効率の向上に大きく関係する。すなわち一八世紀から一九世紀にかけてのスミツボの形状変化は、建築工事における精度向上と作業効率向上の流れの中で生じたものと推定される。

技術の流れをさぐる

技術と加工精度

基礎構造と上部構造

木の建築を支える基礎部分は、掘立《ほったて》構造・礎石立《そせきだて》構造・土台立《どだいだて》構造に分類できる。この基礎構造の相違により、その上部の構造である軸部のつくり方も異なってくる。ユーラシア大陸の西と東において、どういう変遷があったのであろうか。

西における建築技術

ユーラシア大陸の西、ヨーロッパの南部、南ドイツ・スイス・オーストリアあたりでは、新石器時代（紀元前四五〇〇年から一八〇〇年）に股木《またぎ》仕口《しくち》部材やホゾ差《さし》仕口部材が、初期青銅器時代（紀元前一八〇〇年から一六〇〇年）に輪薙《わなぎ》仕口部材や鋏組《はさみぐみ》部材などが、それぞれ発見されている（図102）。

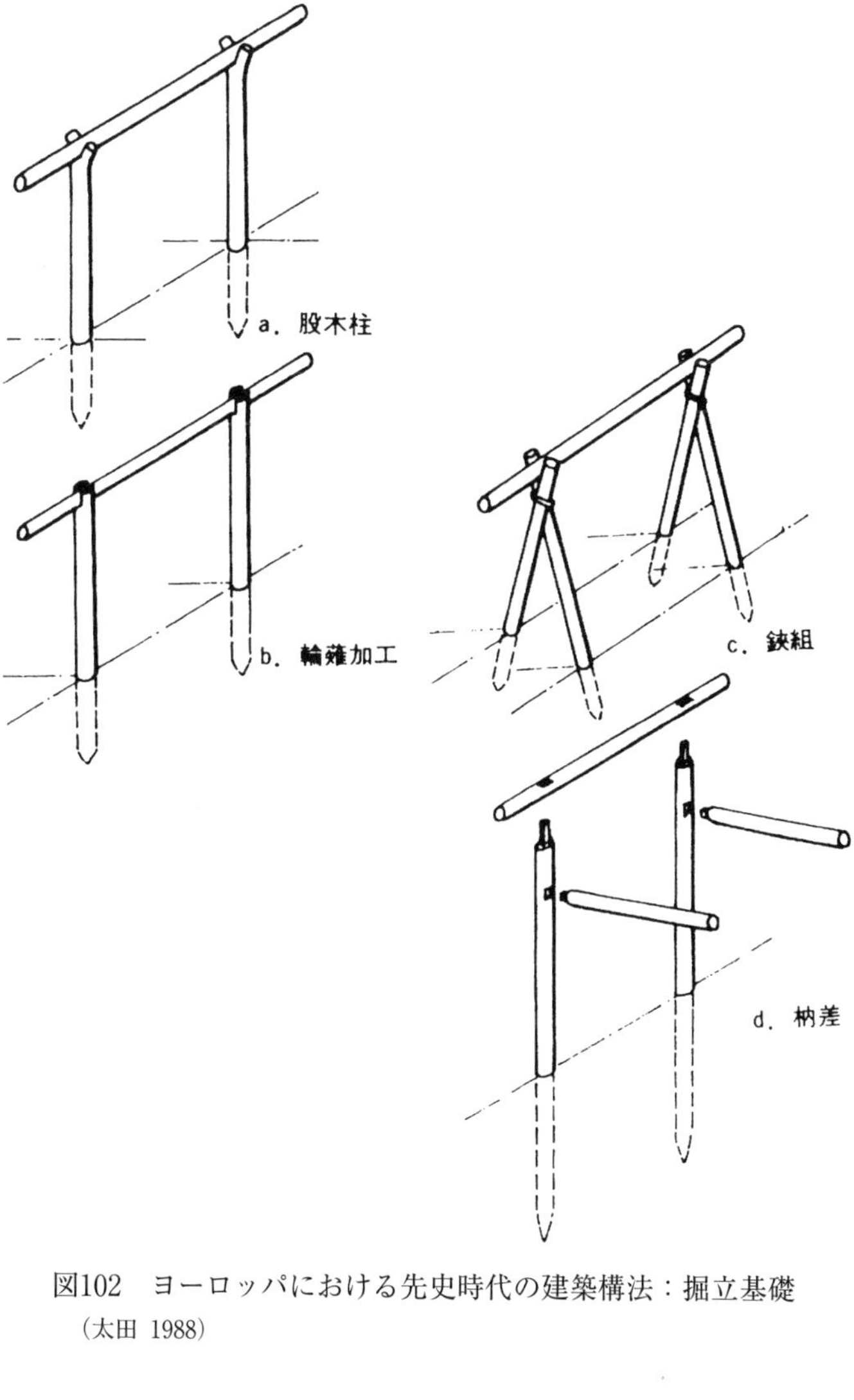

図102　ヨーロッパにおける先史時代の建築構法：掘立基礎
（太田 1988）

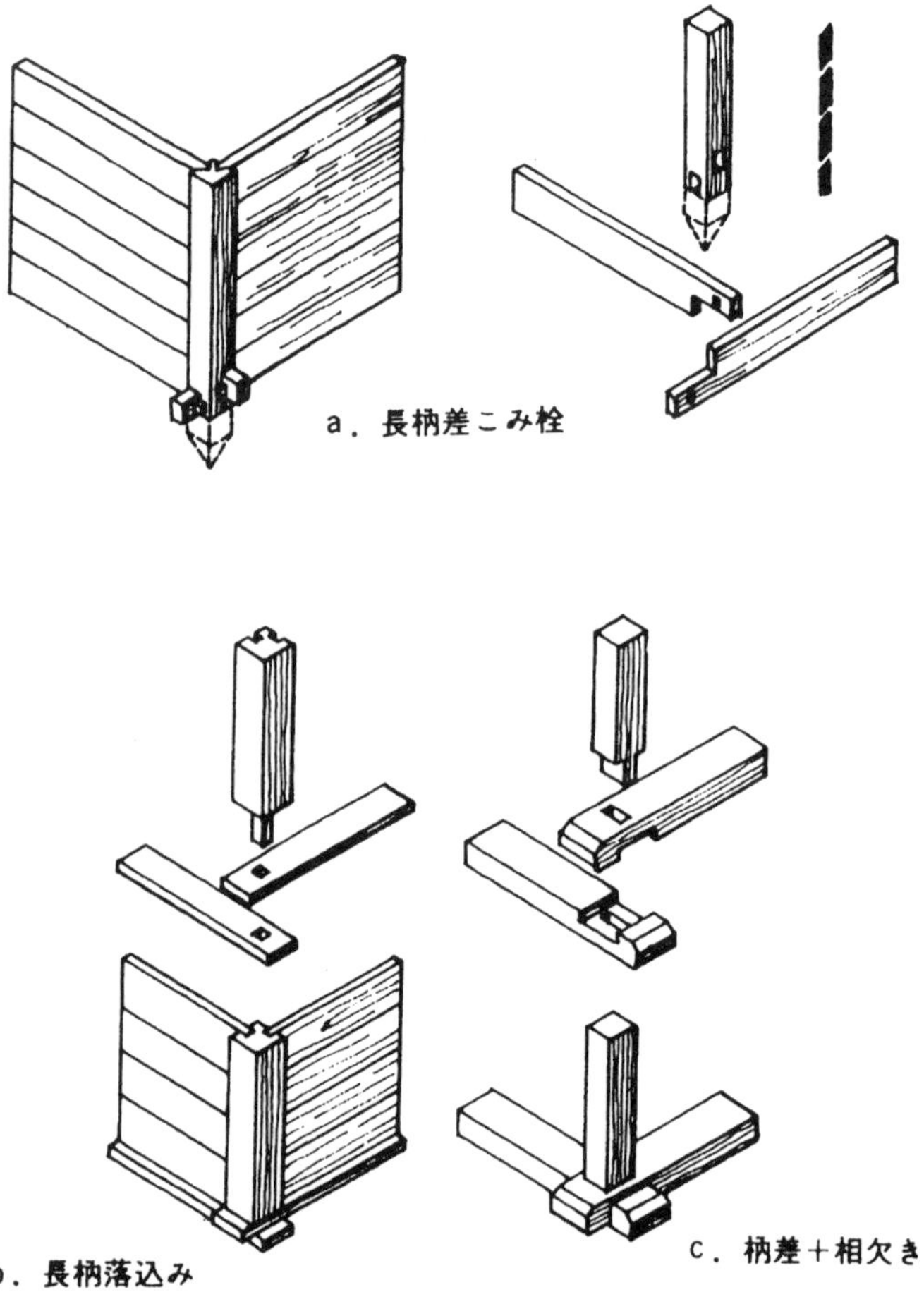

図103　ヨーロッパにおけるローマ時代の建築構法：土台立基礎
（太田 1988）

また、鉄器を用いるようになったローマ時代には、掘立の柱を長ホゾ水平材と木栓で固めた部材、土台の交点に柱下部の長ホゾを差し込んだ部材、相欠き《あいか》（またはワタリアゴ）で組んだ土台の交点に柱下部の長ホゾを差し込んだ部材なども発見されている（図103）。ただ、このような中央ヨーロッパ南部の発達した建築技術が五〇〇キロ北方の北西ヨーロッパに伝わったのは、それより一〇〇〇年から一五〇〇年後であったという。その主たる要因として、針葉樹をオノなどで加工して水平に積んでいくログ構法の伝統が、北西ヨーロッパに根強く残っていたことが推測されている。

その北西ヨーロッパにおいては、三廊《さんろう》構成の建築の中央二列にある柱上部を梁でつなぐ段階、中央の梁を長ホゾ差しとした上で両脇の列を差梁《さしばり》で結ぶ段階を経て、一三世紀ころ、基礎構造が掘立から礎石立《そせきだて》に移行したと考えられている（太田　一九八八）（図104）。

東における建築技術

大陸の東、中国において、約七〇〇〇年前の長江《ちょうこう》下流域の遺跡（河姆渡《かぼと》）から、掘立の柱と水平材とをホゾ差で接合した、高床《たかゆか》形式と推定される部材が発見されている（浅川　一九九四）（図105）。

そのような高度な建築技術の担い手であった民族が、漢民族の勢力拡大によって移動したと考えられている中国南西部に、前述したトン族と同様の高床建築に居住しているタイ

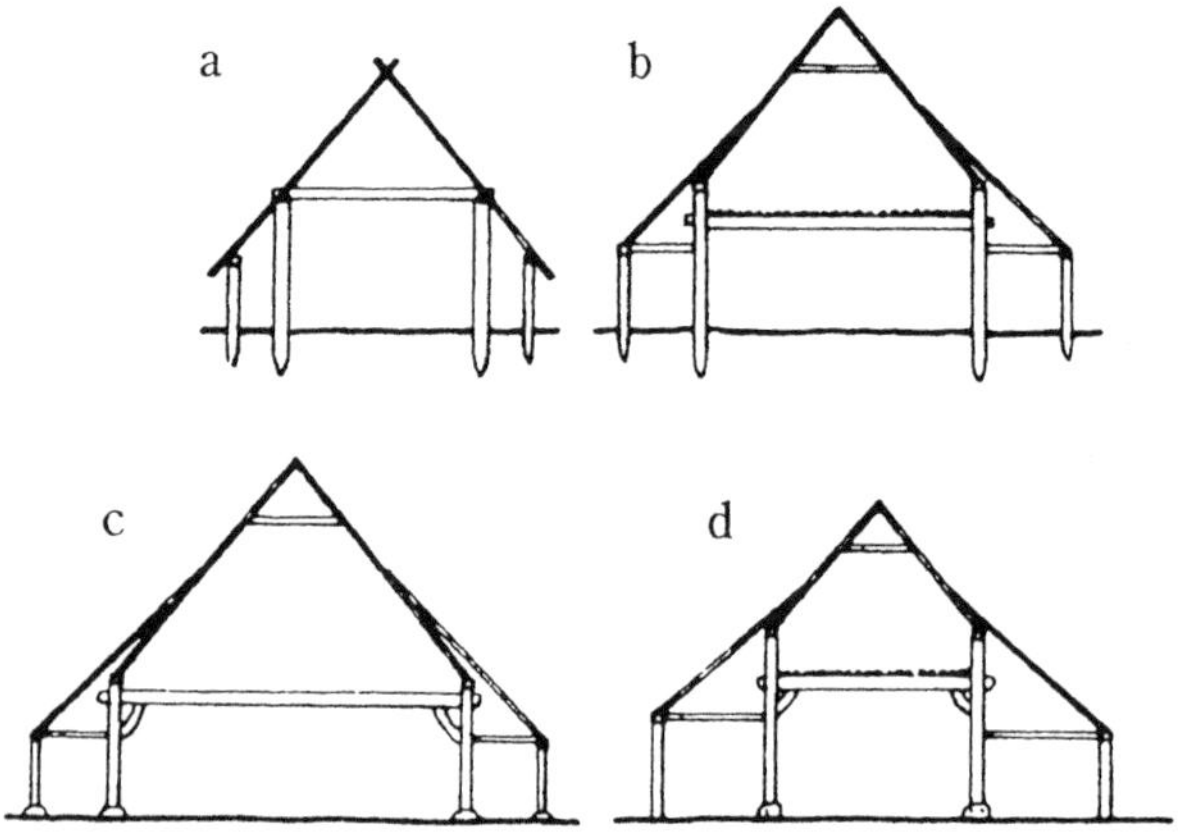

図104　ヨーロッパ北西部における掘立から礎石立への移行（太田 1988）

a．A.D. 7～9世紀，b．A.D. 11～12世紀，c．d．A.D. 13～15世紀

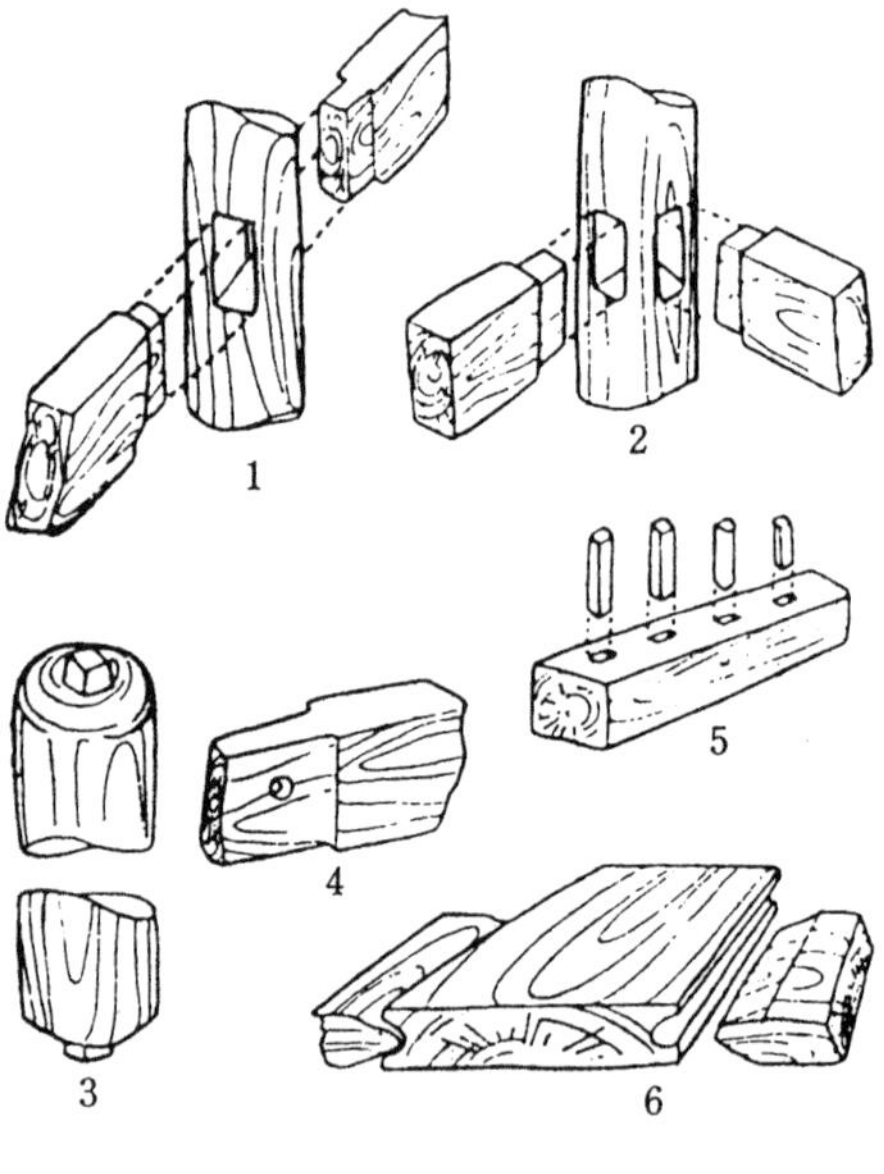

図105　中国における先史時代の出土建築部材

1～6　河姆渡遺跡出土（浙江省・約7000年前）［浙江省文物管理委員会「河姆渡遺址第一期発掘報告」『考古学報』1978］

族（雲南省《うんなん》）がいる。このタイ族の集落において、基礎構造が掘立から礎石立に移行したのは、中国解放（一九四九年）後であったという（若林　一九八六）。

掘立基礎と礎石立基礎の両者が混在している集落において、その上部構造の相違を比較してみたい。

まず、掘立・高床形式の建築では、柱に曲がった形状の自然木《しぜんぼく》が用いられ、棟木《むなぎ》を直接支える棟持《むなもち》柱《ばしら》と梁・桁を支える側《がわ》柱《ばしら》とで構成されている。床組《ゆかぐみ》は桁行《けたゆき》方向に大引《おおびき》を通し、その上に太目の竹根太《ねだ》を渡し、それと直交させてさらに竹根太を配した二重構造となっている。

次に、礎石立・高床建築では、柱をはじめとした主要部材に、製材された木材が使われている。分棟型《ぶんとうがた》の主屋は、上屋《じょうや》と下屋《げや》によって構成され、棟通りの柱も梁下でとまっている。上屋柱は飛貫《ひぬき》と床下の貫によって固められ、下屋柱にも床下の貫が通されている。床組は製材された大引と根太で構成され、床面と壁面には板が張られ、窓もあけられている（図106）。

なお、基礎構造が掘立から礎石立に移行した場合の柱列は、いったん規則正しく碁盤目《ごばんめ》状となるが、その後、柱を抜く改造が加えられていくという。

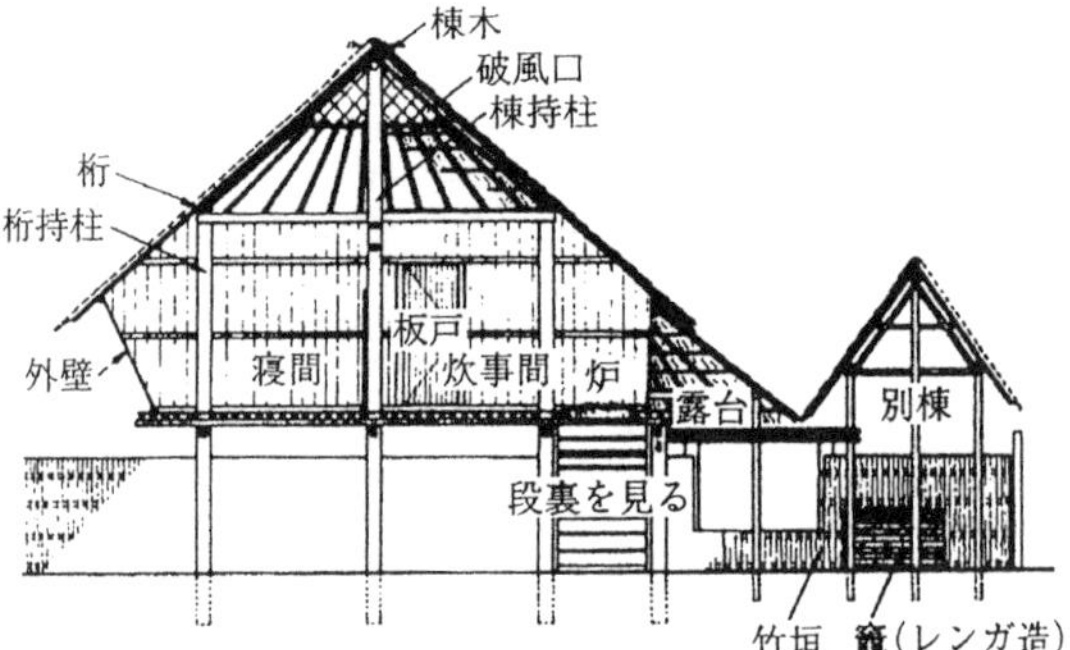

妻側断面図

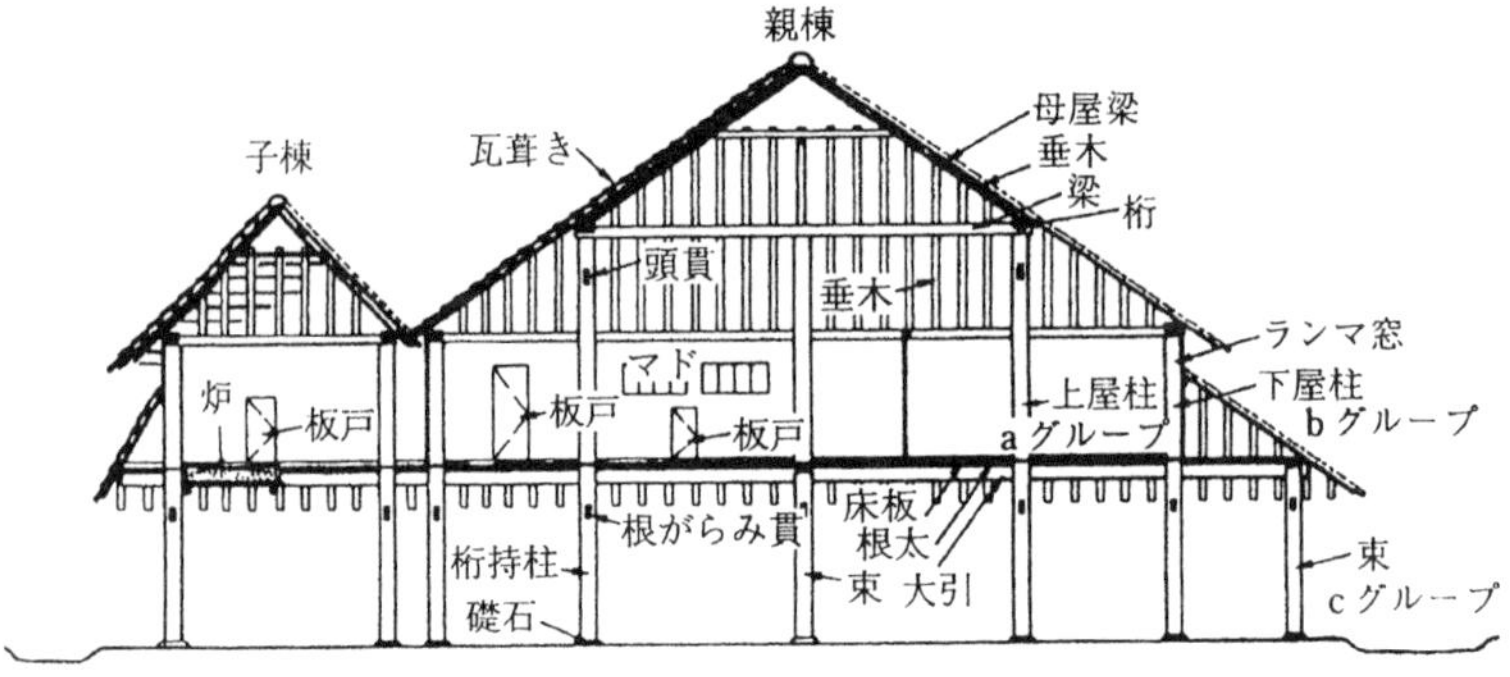

妻側断面図

図106　中国南西部における掘立から礎石立への移行（若林 1986）

大陸東端の島、日本における礎石立は、六世紀後半以降、寺院建築の基礎構造として大陸から伝来し、宮殿などの中心建物にも採用されるようになった。その後、建築の機能（用途）に応じて、掘立基礎と礎石立基礎とが併用されていった。

日本における建築技術

掘立基礎の場合、構造力学上は固定端《こていたん》で、柱の上部をつながなくても自立できる構造である。しかし、屋根を含めた上部荷重を柱の断面積だけで地盤に伝えることになるため、建物の不同沈下《ふどうちんか》を起こす弱点がある。上部構造は梁・桁などのわずかな水平材でつなげばよいが、上部荷重を小さく抑えておくために、屋根は草葺《くさぶき》などであった。また、掘立の柱は地中部分が腐りやすく、伊勢神宮の式年遷宮などに見られるように二〇年くらいで建て替える必要があった。

一方、礎石立基礎の場合、構造力学上は自由端《じゆうたん》で、柱上部をしっかりつながなければ倒れてしまう構造である。しかし柱にかかる上部荷重は礎石を介して地盤に伝えられるため、大きな荷重にも耐えることができた。上部構造は、古代における太い柱を長押《なげし》などの水平材でつなぐ構造から、中世以降の比較的細い柱に何通りかの貫を通して固める構造に変化していった。屋根は瓦などの耐久性のある葺材が用いられ、柱下部が腐朽しにくくなったことともあわせ、建築の耐用年限《たいようねんげん》が飛躍的に向上した。

日本においては、一八世紀ころまで山間部には掘立基礎の建築が残り、国土のすみずみにまで礎石立基礎が普及したのは一九世紀以降と考えられている（浅川・箱崎　二〇〇一）。

建築部材接合部の加工精度

大陸東端の島、日本では、約一三〇〇年前の世界最古の木の建築（法隆寺金堂《こんどう》）をはじめ、現存遺構によって古代以降の建築構法や部材接合法の歴史を研究することができる。それらの歴史的建造物の遺構を対象とした研究によって、日本における建築部材接合部の基本形が明らかにされている（内田一九九三）（図107）。

この基本形をもとに、大陸の西と東で確認できる接合法を比較してみたい。

大陸の西、ヨーロッパ（西ドイツ・スイス・オーストリア）の新石器時代（紀元前四五〇〇年から一八〇〇年）の部材にホゾとホゾ穴が、初期青銅器時代（紀元前一八〇〇年から一六〇〇年）の部材に輪《わ》薙込《なぎこみ》が、そしてローマ時代の部材に、それらに加えて相欠《あいかき》・欠込《かきこみ》・渡腮《わたりあご》などがそれぞれ確認できる。

大陸の東、中国においては、約七〇〇〇年前の出土建築部材（河姆渡遺跡）にホゾ・相欠・欠込・大入《おおいれ》などが確認できる。

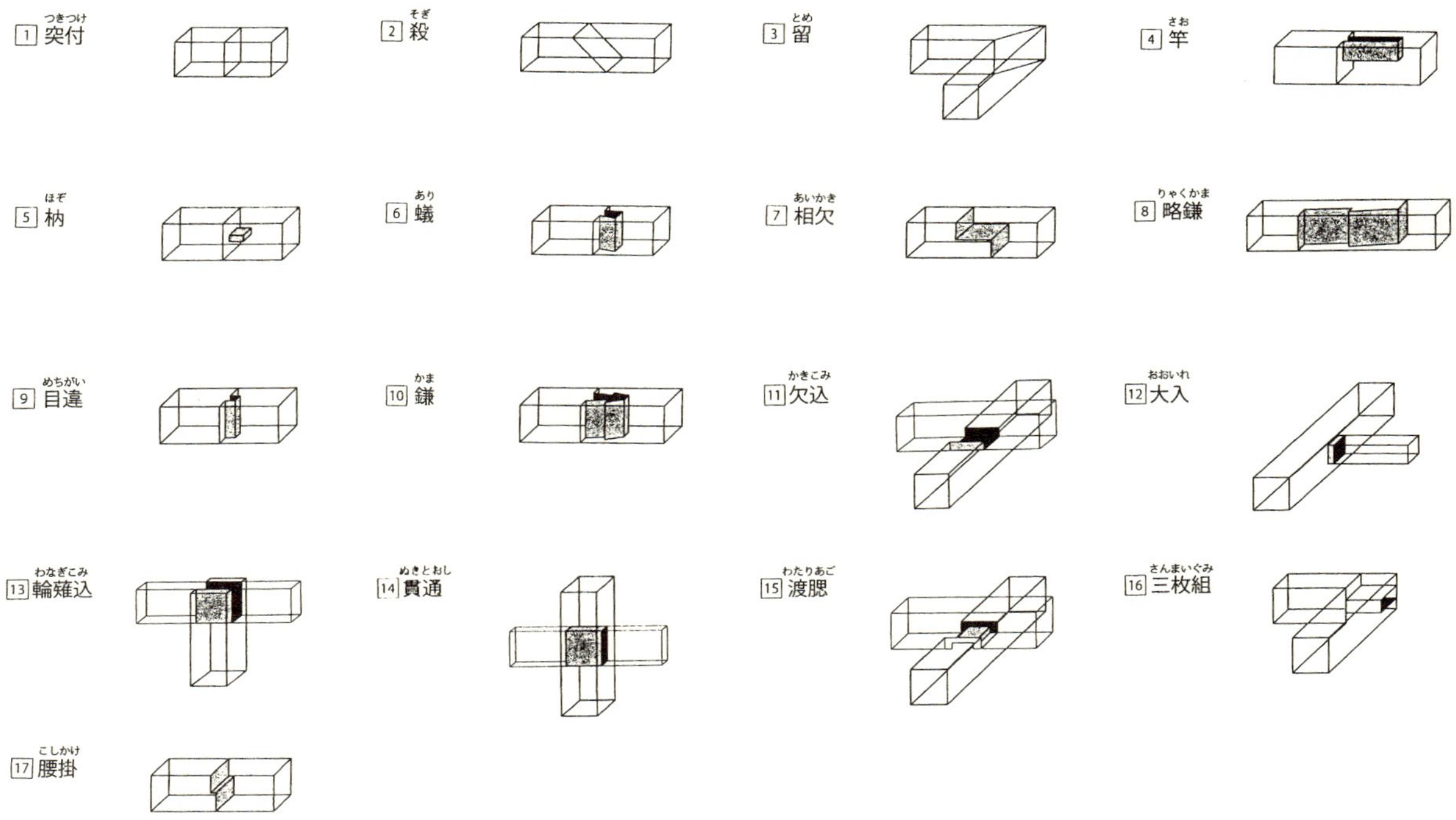

図107　ユーラシア大陸東端の島における建築部材接合法の基本形（内田編 1993）

表8　ユーラシア大陸の西と東における建築部材接合法の基本形

地域・時代 ＼ 接合法基本形	ユーラシア大陸の西			ユーラシア大陸の東		
	ヨーロッパの新石器時代	ヨーロッパの初期青銅器時代	ヨーロッパの鉄器時代	中国の新石器時代（河姆渡遺跡）	日本の縄文時代（桜町遺跡）	日本の弥生・古墳時代（鉄器時代）
	約6,500〜3,800年前	約3,800〜3,600年前	約2,000年前（ローマ時代）	約7,000年前	約4,000年前	約2,000〜1,400年前
枘（ほぞ）	○	○	○	○	○	○
相欠（あいかき）			○	○	○	○
欠込（かきこみ）			○	○	○	○
大入（おおいれ）	△	△	△	△	△	△
輪薙込（わなぎこみ）		○	○		○	○
貫通（ぬきとおし）					△	○
渡腮（わたりあご）			△			○
三枚組（さんまいぐみ）						○

そして大陸東端の島、日本では、約四〇〇〇年前の出土建築部材（桜町遺跡）にホゾ・相欠・欠込・大入・輪薙込・貫通《ぬきとおし》などが、約二〇〇〇年前から一四〇〇年前までの各地の遺跡から出土した部材に、それらに加えて渡腮・三枚組《さんまいぐみ》・蟻《あり》などが確認されている。古代に入る前、古墳時代までの段階で、一七基本形の内、少なくとも九種類が存在しており、古代以降、基

本形をいくつか組みあわせることにより、さらに複雑な接合部がつくり出されていった（表8）。

貫穴に貫を通して、クサビの摩擦力によって固定する接合法をはじめ、補強金具に頼らない精巧な接合部の加工は、大陸の西においてはあまり見ることができない。たとえば、ヨーロッパの硬木文化圏における建築部材接合法を日本の基本形と対比させて分析してみると、かなりのものが共通している（図108）。しかしこの基本形を組み合わせて加工された大陸の西における建築部材の接合部は、少々の隙間があっても、木栓を打ち込んで固めてしまう方法でつくられている（図109）。

建築基礎の歴史

ここでは、住居の建築において最も基本となる建築基礎の流れをおっていこう。まずは、ユーラシア大陸の東南部、インドシナ半島のラオスにおける、ラオ族の掘立基礎建築の建て方を概観する（太田　一九八七）。

掘立基礎

二台の三つ叉（丸太を三角錐に組んだ仮設）の頭に渡した水平方向の丸太に縄をかけ、あらかじめ地上で組んでおいた柱と水平材（梁・大引《おおびき》など）に結びつける。二本の縄の端を多人数で呼吸をあわせて引っ張ることにより、ワンスパンずつ建て起こしていく。柱穴部分には、棒を用いて柱下部をコントロールする者が数人ずつ配置されている。

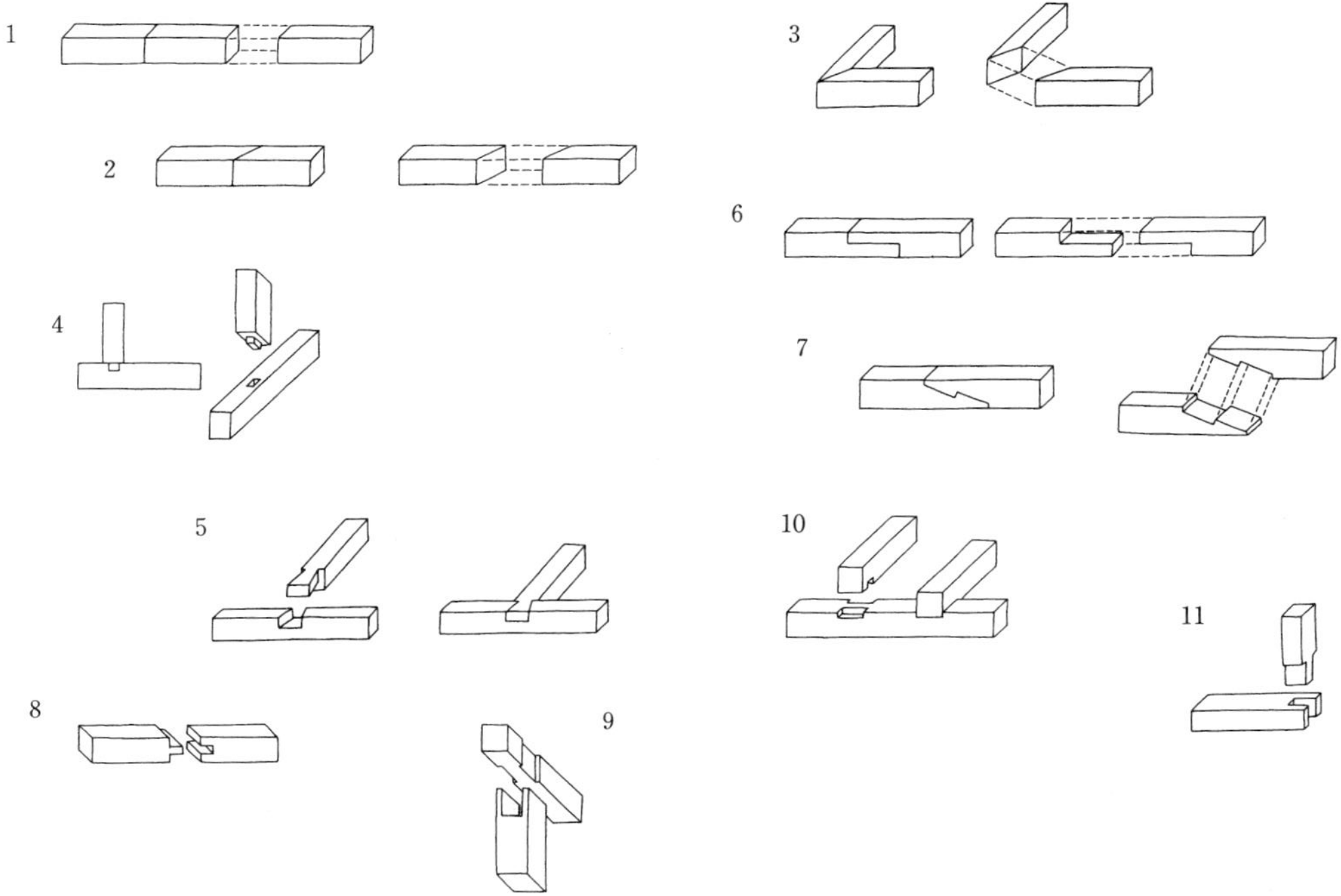

図108　ユーラシア大陸の西における建築部材接合法（BINDING 1989）
1. ツキツケ，2. ソギ，3. トメ，4. ホゾ，5. アリ，6. アイカキ，7. リャクカマ，8. メチガイ，9. ワナギコミ，
10. ワタリアゴ，11. サンマイグミ

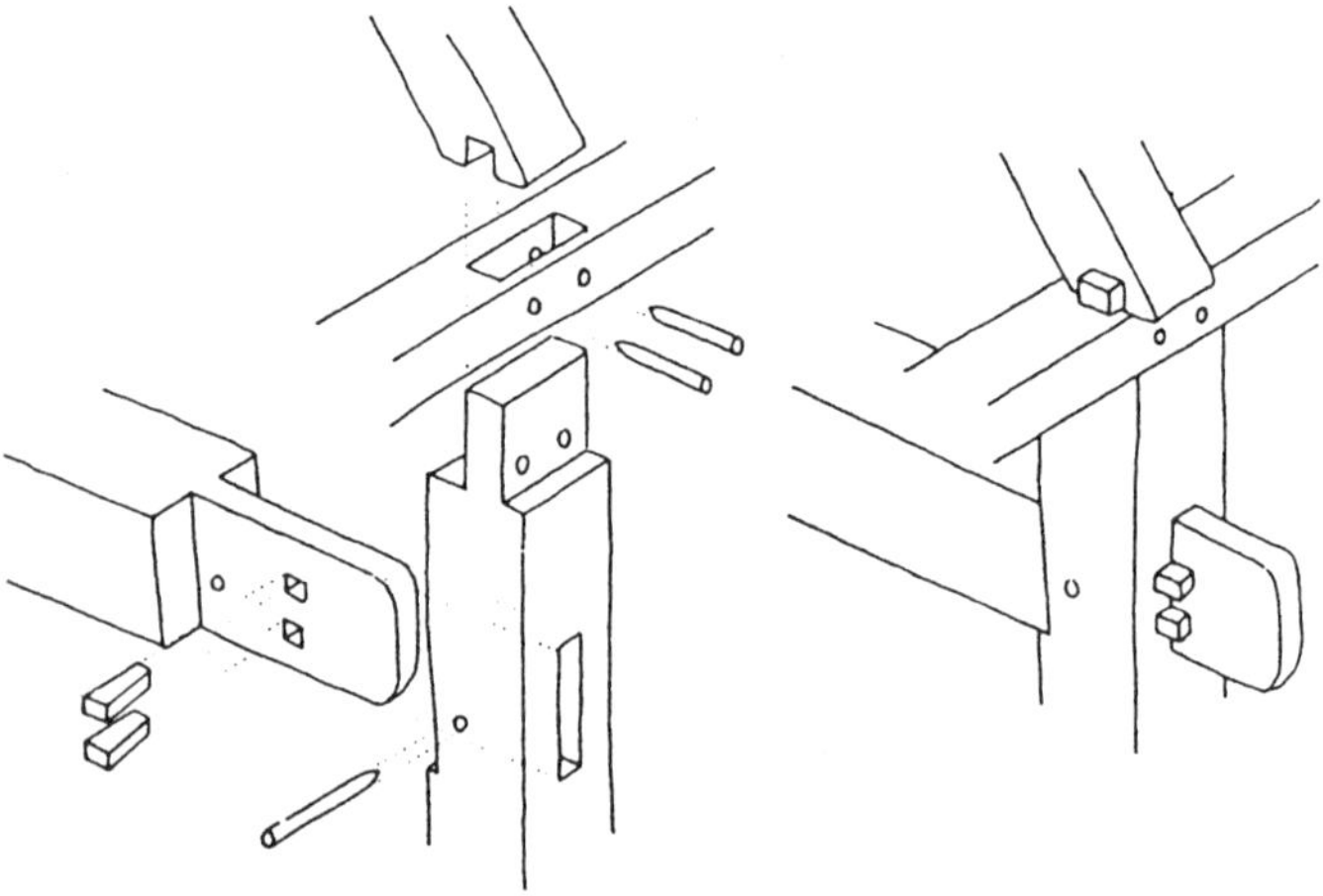

図109　ヨーロッパにおける建築部材の接合例（BINDING 1989，接合部に隙間があっても木栓を打ち込んで固めてしまう）

また、架台の反対側には、建て起こしの度合いをコントロールする縄が張られ、その端部を仮設の独立柱に巻きつけて調整する者も配置されている（図110）。

土台立基礎

　ユーラシア大陸の西北部、スカンジナビア半島のノルウェーにおける土台立基礎建築の建て方を概観してみよう（太田　一九八七）。

　垂直材である柱と、梁行方向の水平材、桁行方向の水平材を、それぞれ地上で組んでおき、長い棒と短い棒を用いて順次、建て起こしていく。

　各柱位置には、柱下部のホゾと土台上面のホゾ穴との接合を、棒によってコントロールする者が配置されている（図

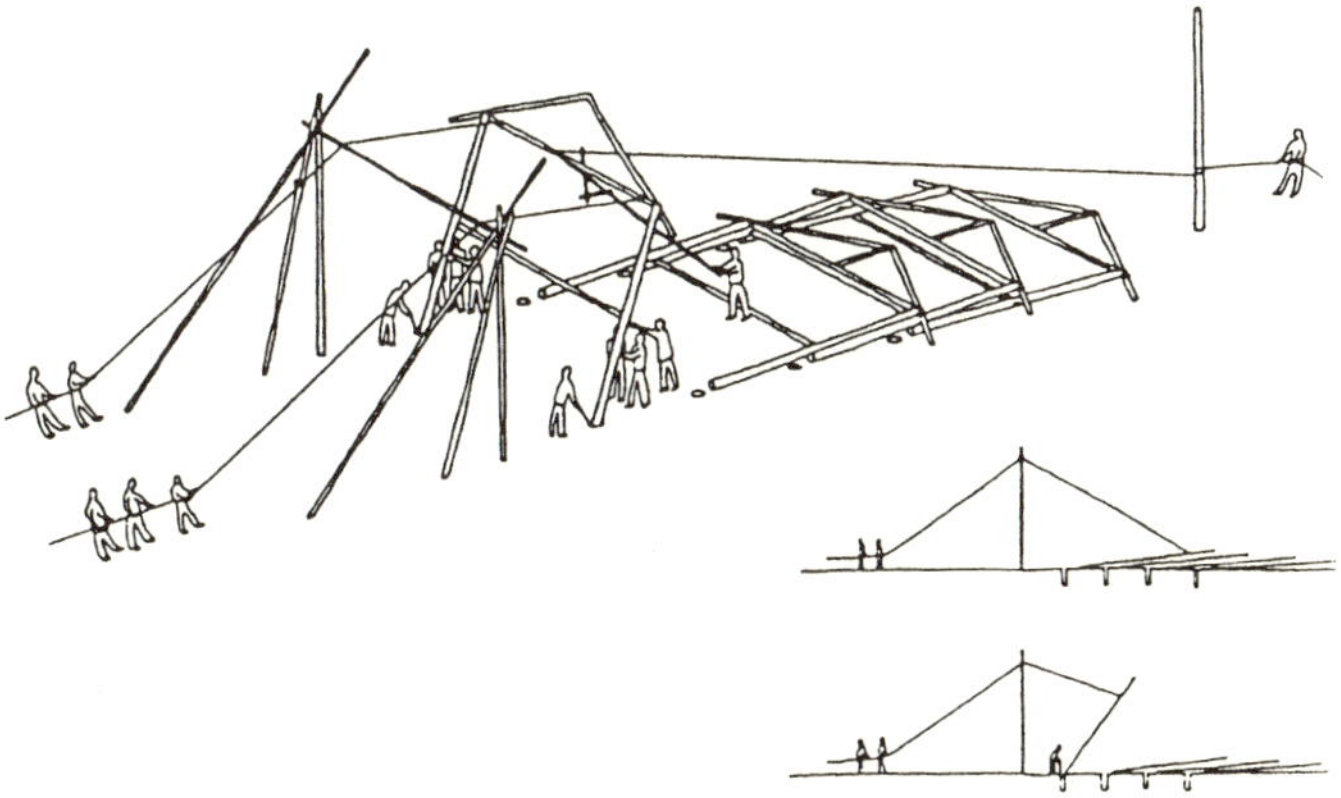

図110　ユーラシア大陸南東部（インドシナ半島）における掘立の建て方（太田 1987）

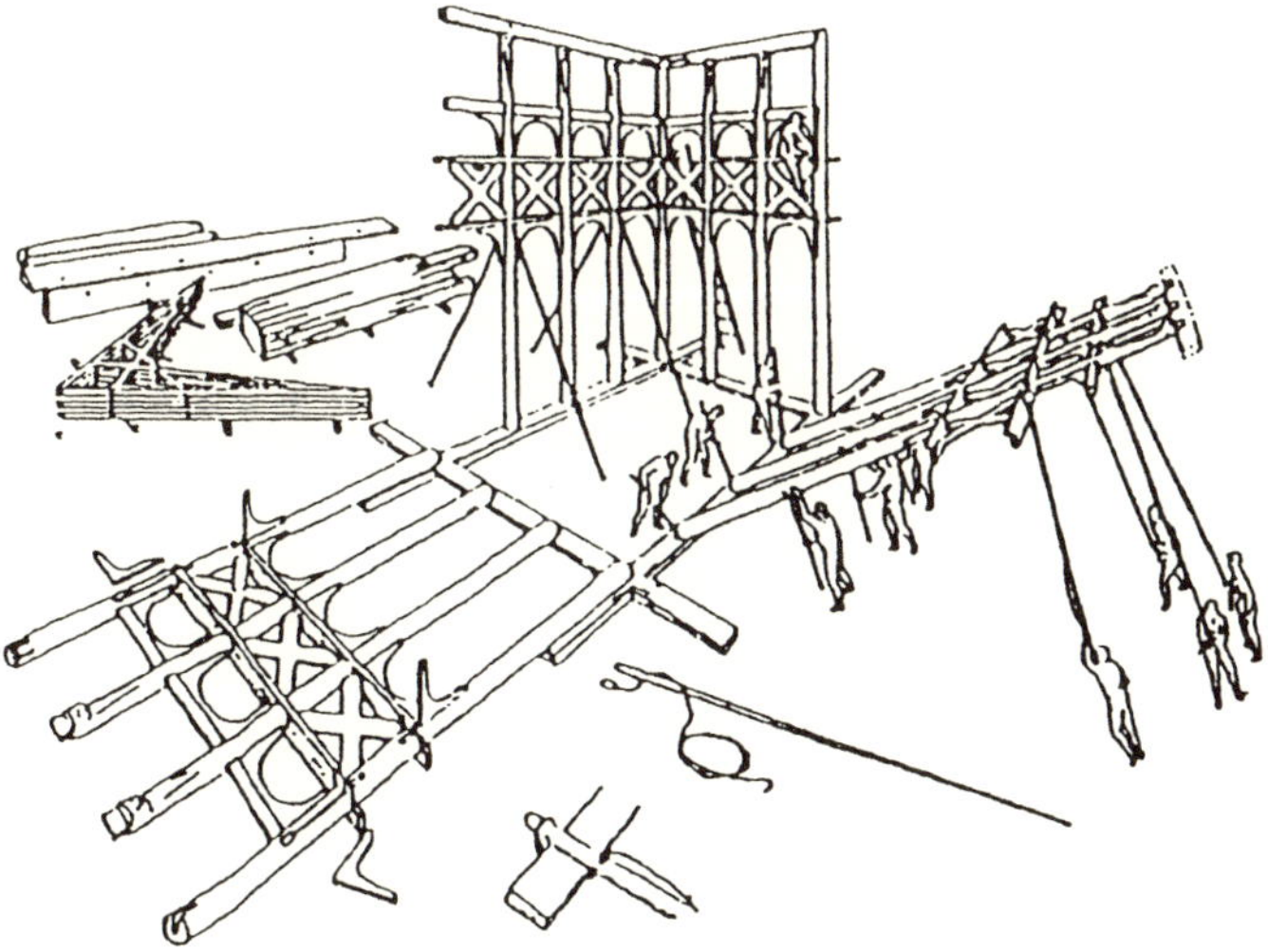

図111　ユーラシア大陸北西部（スカンジナビア半島）における土台立の建て方（太田 1987）

111）。

一一世紀ころに行なわれていたと考えられるこの建て起こしの技法が、数百年後のハーフティンバーの建築に応用されていったと推定されている。

ユーラシア大陸東端の島、日本における礎石立基礎建築の建て方を概観する。

礎石立基礎

一五世紀前半に描かれたと考えられる絵画資料（『誉田宗廟縁起《こんだそうびょうえんぎ》』）の画面中央で、二名の工人《こうじん》が土工具を用いて礎石を据えている。その画面右では、二名の工人が柱を抱えて礎石上に仮置きし、その下方の工人がスミツボとクチヒキ（推定）を用いて柱下部に石口《いしくち》を墨付けしている。画面上方では、柱下部の石口をノミで加工し、画面下方では、柱上部の頭貫《かしらぬき》仕口をノミによって加工している。そして画面左では、三名の工人が柱を礎石に据え付け、柱上部の工人は木製の槌《つち》を用いて頭貫を接合させている（図112・113）。

このように礎石立の柱を幾通りもの貫で固める構造の場合、礎石の凹凸にあわせて石口を正確に写し取ることと、水平・垂直方向と平面上の直角（大矩《おおがね》）を精度高く正確に定めておくことが不可欠である。

図112　日本における礎石立の建て方（模写，『誉田宗廟縁起』1433年）

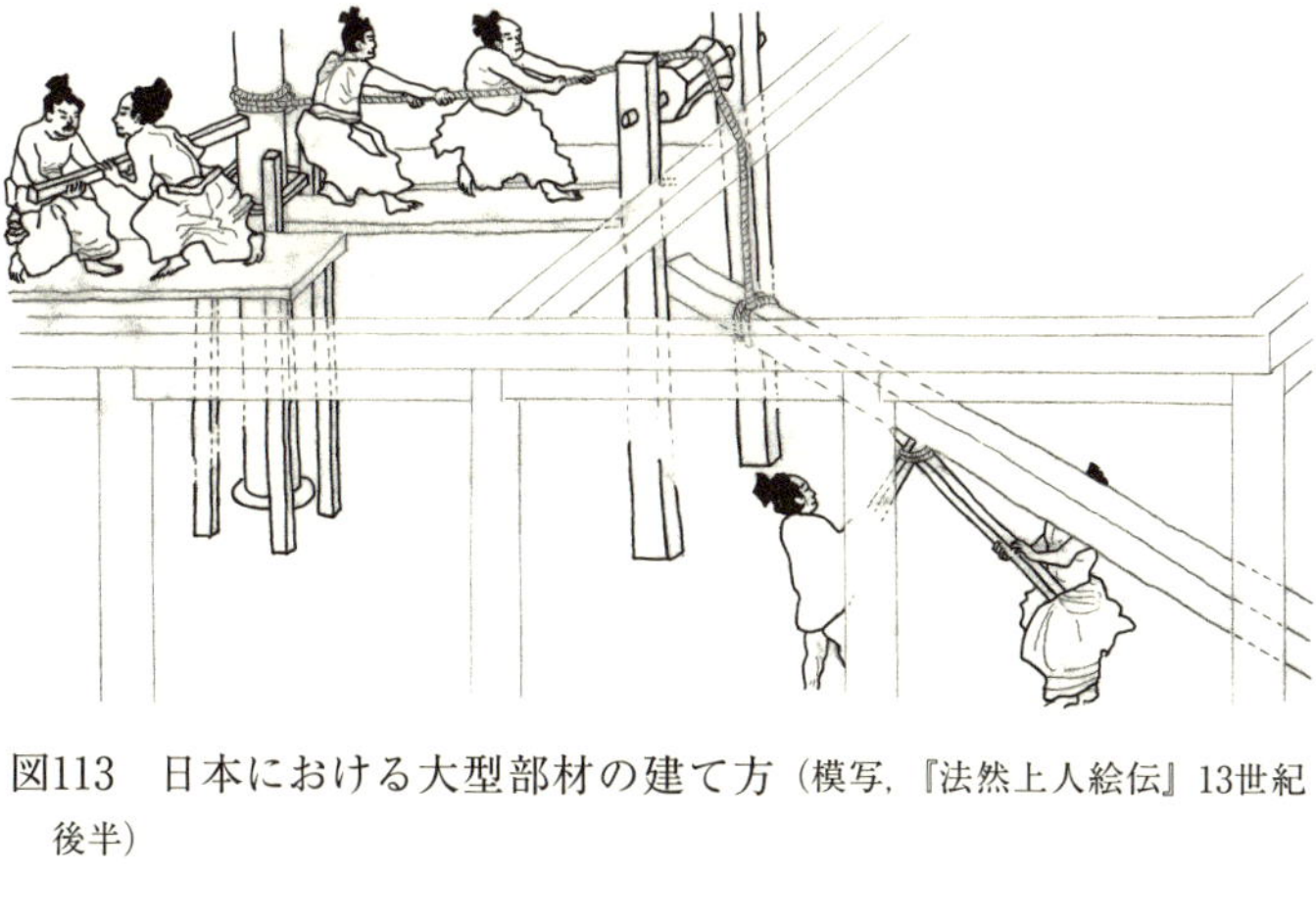

図113　日本における大型部材の建て方（模写，『法然上人絵伝』13世紀後半）

木の建築をつくる工程において、まず水平と垂直の基準を定めることが重要である。掘立基礎の場合、たとえば柱穴の深さを腕の長さで測ったとしても、各柱に接合する水平材が正確に水平を保つのは困難である。

建築基礎と部材の加工精度

東端の島、日本において発見された約二〇〇〇年前の出土建築部材（青谷上寺地遺跡《あおやかみじち》　鳥取県）の中に、約二五センチの成《せい》（幅約七センチ）の貫《ぬき》穴をもつ柱が含まれていた。貫と推定される部材も発見されているが、その成は約一五センチ（幅約六センチ）である。

日本においては、約八〇〇年前から柱に幾通りもの貫を接合する建築が多くつくられるようになるが、貫穴と貫の成の差はクサビの寸法に相当する。たとえば一五センチ（五寸《すん》）の貫の場合、貫穴の成は、それに一五ミリ（五分《ぶ》）を足したくらいの寸法となる。この場合の基礎構造は、礎石立である。

前述した掘立基礎の柱に加工された貫穴は、一〇センチの範囲内で貫を通せばよいという寸法計画である。この場合のクサビは、各柱ごとに、貫の上方分と下方分の寸法が異なっており、その合計が一〇センチであったと推定される。

掘立基礎と礎石立基礎との寸法計画の精度の差は、あらかじめ正確な水平を定めておくことができたかどうかのちがいであったと考えられる。礎石立基礎の建築の水平を定めて

図114　日本における水平の出し方（模写，『春日権現験記絵』1309年）

いる様子が、約七〇〇年前の絵画資料に描かれている（図114）。

この場面には、垂直方向の高さの基準となる水糸《みずいと》（水平に張った糸）と、その高さより低い位置に、平面的に礎石の位置の基準となる水糸の二種類が描かれている。画面上方で、一人の工人が水糸の高さを調整している様子が見られる。おそらく目張りがされた木製の箱に水を張り、その水面からの高さが一定になるように糸を上下させ、そのかたわらには「童」が曲物《まげもの》の器から水をくみあげ、木製の箱に注いでいる。

画面下方には、三人の工人が礎石を据えている様子が描かれている。それぞれの礎石は自然石であり、地盤面の高低も含めて、礎石上面の高さは一定ではない。

水糸からそれぞれの礎石上面の高さをはかり、その寸法をそれぞれの礎石に対応する柱に、一本ずつ写し取る作業が必要である。

なお、土台立基礎の建築は、土台を水平に据えることを前提に、垂直材と水平材の接合部の墨付《すみつ》けと加工がなされたものと推定される。礎石立基礎の建築よりも接合部の墨付けなどの手間が少なく、組み立てもシステマチックに行なうことができたと考えられる。ただ地面に据えられた土台は、掘立基礎の柱下部と同様に腐りやすく、建築の耐用年限は礎石立建築には及ばなかったものと推定される。

建築構法と部材接合法の相違によって、その工作に使われる主要道具の種類（編成）も異なっていた。たとえば針葉樹（軟木）を水平に積むログ構法の場合、その部材加工はオノだけで可能であった。しかし広葉樹（硬木）を垂直材と水平材によって組み合わせる構法の場合、その部材加工にはオノ・ノミ・キリ・ノコギリ・カンナなどの道具を必要とした。

木の建築をつくる技術と道具の変遷

木の建築をつくる技術の発達に応じて、使用される道具も多様に分化していった（表9）。

道具と使用法

切断・割裂《かつれつ》・荒切削（ハツリ）などの機能をもつオノは、石器時代から存在する最も古い道具のひとつである。

オノの変遷

大陸の西、ヨーロッパでは、一〇世紀ころに建築部材の側面を荒切削するために用いる刃幅の広いオノ（T型のオノ）が出現し、その後、時代や地域によってさまざまな形状に変化していった。

たとえば一八世紀のフランスにおいては、建築工人が、中型・小型のタテオノとヨコオノ（チョウナ）を使用しているが、孔式を基本とする接合形式の中に、エジプトでも使われていた古い形式のヨコオノも含まれている（図115）。

うがつ道具としてのノミとキリも、石器時代から使われていた古い起源をもつ。

うがつ道具の変遷

大陸の西、ヨーロッパにおいては、古くから茎《なかご》式と袋式のノミが併用されてきた。また、キリは、穂の軸線に対して直交させて木柄を取り付けたオーガー（ボールト錐）と、弓の水平往復運動によって双方向回転させるバウドリル（弓錐《ゆみぎり》）が初期金属器時代から使われていた。前者は深くて大きな穴を、後者は比較的浅くて小さな穴を、それぞれうがつために使われた。

キリによって穴をうがつ能率を向上させるためには、穂先刃部に圧力を加えながら回転させることが必要である。胸で押える工夫をしたブレストオーガーが一一世紀ころから使われるようになり、同様の工夫をしたブレストドリルが一九世紀になって開発された。また、クランク機構の柄を単方向回転させて穴をうがつブレース・アンド・ビッツ（ハンドル錐）は、一五世紀ころから使われるようになった（図116）。

たとえば一八世紀のフランスにおいては、建築工人の使うノミとして全鉄製のものや、ツキノミの一種であるトゥワイビルなどが含まれている。大陸東端の島、日本において、建築工人が使う造作材加工用の小型のノミは、ヨーロッパにおいては建築工人ではなく、

一部改変）

Age　時代区分					
Early Iron Age	Greek and Roman	(Dark Ages)	Middle Ages	1600～1800	1800～
初期鉄器時代	古　代	中　世		近　世	近・現代
●	●	●	●	●	●
●	●	●	●	●	●
		●	●	●	●
●	●	●	●	●	●
●	●	●	●	●	●
●	●	●	●	●	●
		●	●	●	●
●	●	●	●	●	●
					●
			●	●	●
					●
					●
●	●	●	●	●	●
●	●	●	●	●	●
			●	●	●
				●	●
●	●	●	●	●	●
●	●	●	●	●	●
				●	●
	●	●	●	●	●
	●	●	●	●	●

表9　ヨーロッパにおける建築用主要道具の変遷（Goodman 1964 を

Tool name 木工具名称	和　名	Stone Age 石器時代	Bronze Age 青銅器時代
Axe	斧	●	●
Adze	チョウナ	●	●
T-axe	T型の斧		
Chisel	鑿	●	●
(Striking tools)	槌類	●	●
Auger	ボールト錐	●	●
Breast auger	胸押えボールト錐		
Bow drill	弓錐		●
Breast drill	胸押えドリル		
Brace	ハンドル錐		
Twist bits	ハンドル錐の刃		
Metal brace	金属製のハンドル錐		
Hand-saw	鋸		●
Cross-cut saw	横挽鋸		●
Saw, fret	弦掛鋸		
Saw, tenon	枘(ホゾ)用の鋸(胴付鋸)		
Knife	小刀	●	●
Drawknife	セン		
Spokeshave	南京鉋		
Plane, smooth	平鉋		
Plane, jack	荒削り用の平鉋		

	●	●	●	●	●
	●	●	●	●	●
			●	●	●
			●	●	●
			●	●	●
					●

建具工人の道具編成に見ることができる（図117）。

また、一八世紀のフランスにおいて、建築工人が使うキリは、深くて大きな穴をうがつオーガーで、さまざまな刃部をもつ穂先を付け換えて使う繊細な加工に用いるブレース・アンド・ビッツは、建具工人の道具編成に含まれている（図118）。

ノコギリの変遷

木材の繊維を切断する横挽《よこびき》、木材の繊維方向に挽割《ひきわ》る縦挽《たてびき》といった機能をもつノコギリは、金属器の時代から使用されるようになった。

大陸の西、ヨーロッパにおいては、一六世紀から一七世紀にかけて、複雑な曲線を加工することができるフレットソウ（弦掛《つるかけ》鋸）や、接合部（ホゾ）の精巧な加工ができるテノンソウ（胴付《どうつき》鋸）などが使われるようになった。

たとえば一八世紀のフランスにおける建築工人は、大型で枠形式の縦挽製材用、中型で枠形式の部材加工用、小型で茎式の部材加工用のノコギリを使っていた。繊細な加工をする小型の枠形式

Plane, plough	決(しゃくり)鉋		
Plane, moulding	面取鉋		
Plane, try	仕上げ削り用の平鉋		
Plane, mitre	木口用の鉋(留木口)		
Plane, shoulder	胴付用の鉋		
All-metal Planes	金属製の鉋		

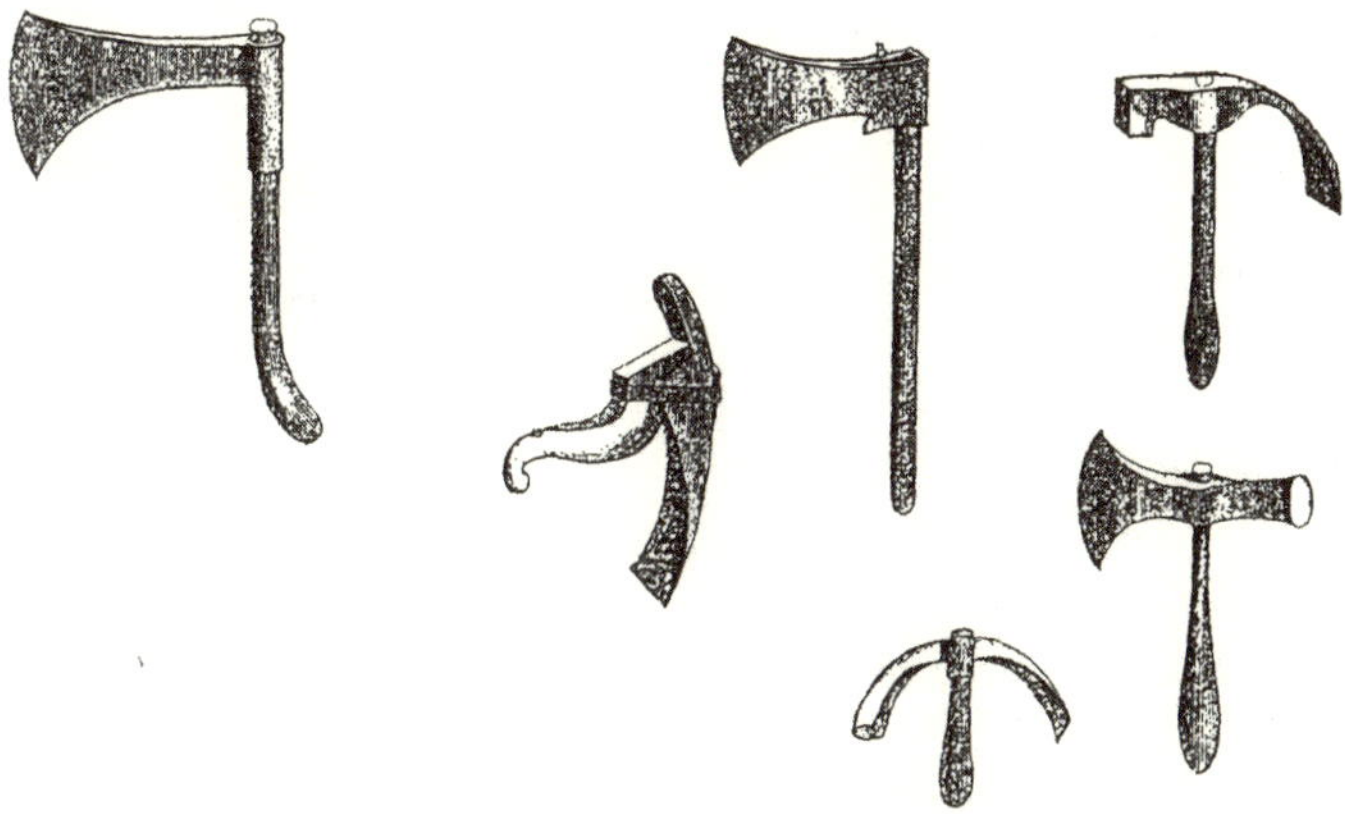

図115　ヨーロッパにおける建築用のオノ（ディドロ『百科全書』18世紀，フランス）

図116　ヨーロッパにおけるキリ（オーガーとブレース・アンド・ビッツ，A.D. 15世紀）

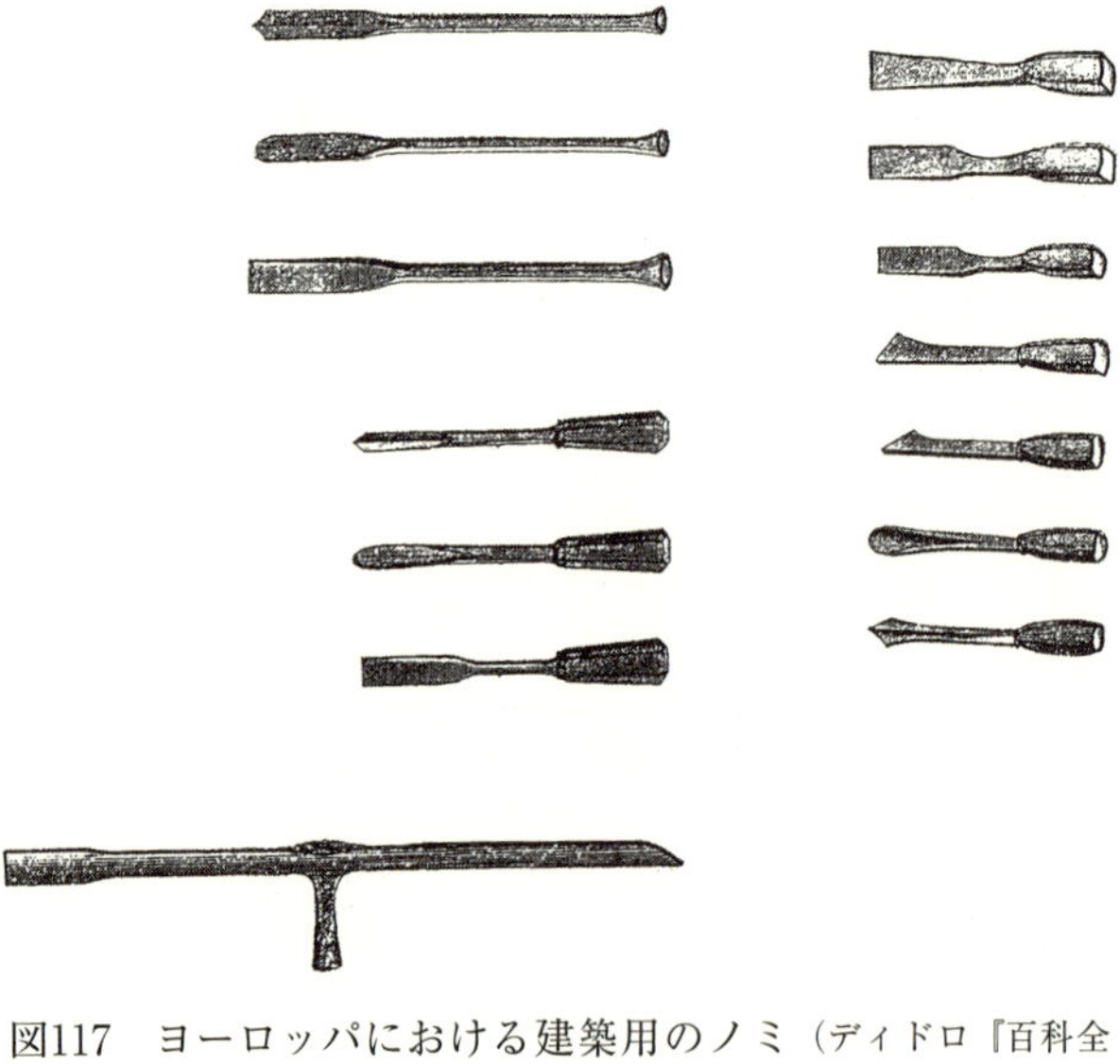

図117　ヨーロッパにおける建築用のノミ（ディドロ『百科全書』18世紀，フランス）

図118　ヨーロッパにおける建築用のキリ（ディドロ『百科全書』18世紀，フランス）

図119　ヨーロッパにおける建築用のノコギリ（ディドロ『百科全書』18世紀，フランス）

のノコギリや溝加工用のノコギリなどは、建具工人の道具編成に含まれている（図119）。

推し使いと引き使い

ユーラシア大陸東端の島、日本においては、割裂による製材法（打割《うちわり》製材）からノコギリを用いる製材法（挽割《ひきわり》製材）に移行した一五世紀ころから、幅が広く薄い板材や正確な断面の角材が、建築部材として使われるようになった。その結果、部材相互の接合部をより精巧に加工することが建築工人に求められ、鍛冶《かじ》技術の進歩ともあわせ、ノコギリの性能が向上していったと考えられる。歯も含めた機能部分の厚さは、薄い方が切断面は平滑となり、接合部の精度も高くなる。これらを主たる要因として、使用時の微妙なコントロールを可能とする引き使いが普及していったと推定される。

一方、大陸の西、ヨーロッパにおける推し使いは、硬い建築部材を加工する使用法である。硬木の場合、腕の力だけではなく、体全体を用いてノコギリを使う必要がある。その際、薄い機能部分では折れてしまうことから、厚くつくらなければならない。厚い歯による部材切断面は粗《あら》くなり、接合部の精度も低い。建築部材の接合部に隙間があっても構わない、とする建築観が、ヨーロッパにおけるノコギリの推し使いを継続させたのであろう。

また、大陸の東、中国においては、クスノキ・クリ・カエデなどの広葉樹やマツ・スギなどの針葉樹が建築用材であった。ヨーロッパのオーク（ナラ）ほどの硬木ではないが、ノコギリは推し使いである。これは、建築部材の接合部に隙間があっても構わない、とする建築観が、ヨーロッパと同様にノコギリの推し使いを継続させた主たる要因と考えられる。

カンナの変遷

切削機能をもつ道具には、ナイフの系統と台カンナの系統がある。ナイフは石器時代に起源をもつ古い道具であるが、鉄製の刃の両端に木製の柄を取り付けたドゥローナイフ（セン）が一二世紀ころには使われていた。その後、刃部を直接木部に固定し、両端の柄を握って使用するスポークシェーブ（南京鉋《ナンキン》）が一七世紀ころから使われはじめ、曲面切削の精度が向上した。

台カンナの系統は、ローマ時代において、平面切削用・溝切削用・繰型切削用などがすでに使い分けされていた。その後、一四世紀から一六世紀にかけて、長い部材を平滑に仕上げ切削するトゥライング・プレーン（長台鉋《ながだい》）、接合面の木口を切削するマイター・プレーン（木口鉋）やショルダー・プレーン（胴付鉋《どうつき》）などが使われるようになった。

たとえば一八世紀におけるフランスの建築工人は、荒切削用と中程度の仕上げ切削用の台カンナを使用し、東端の島、日本の建築工人が使う多様な台カンナは、建具工人の道具

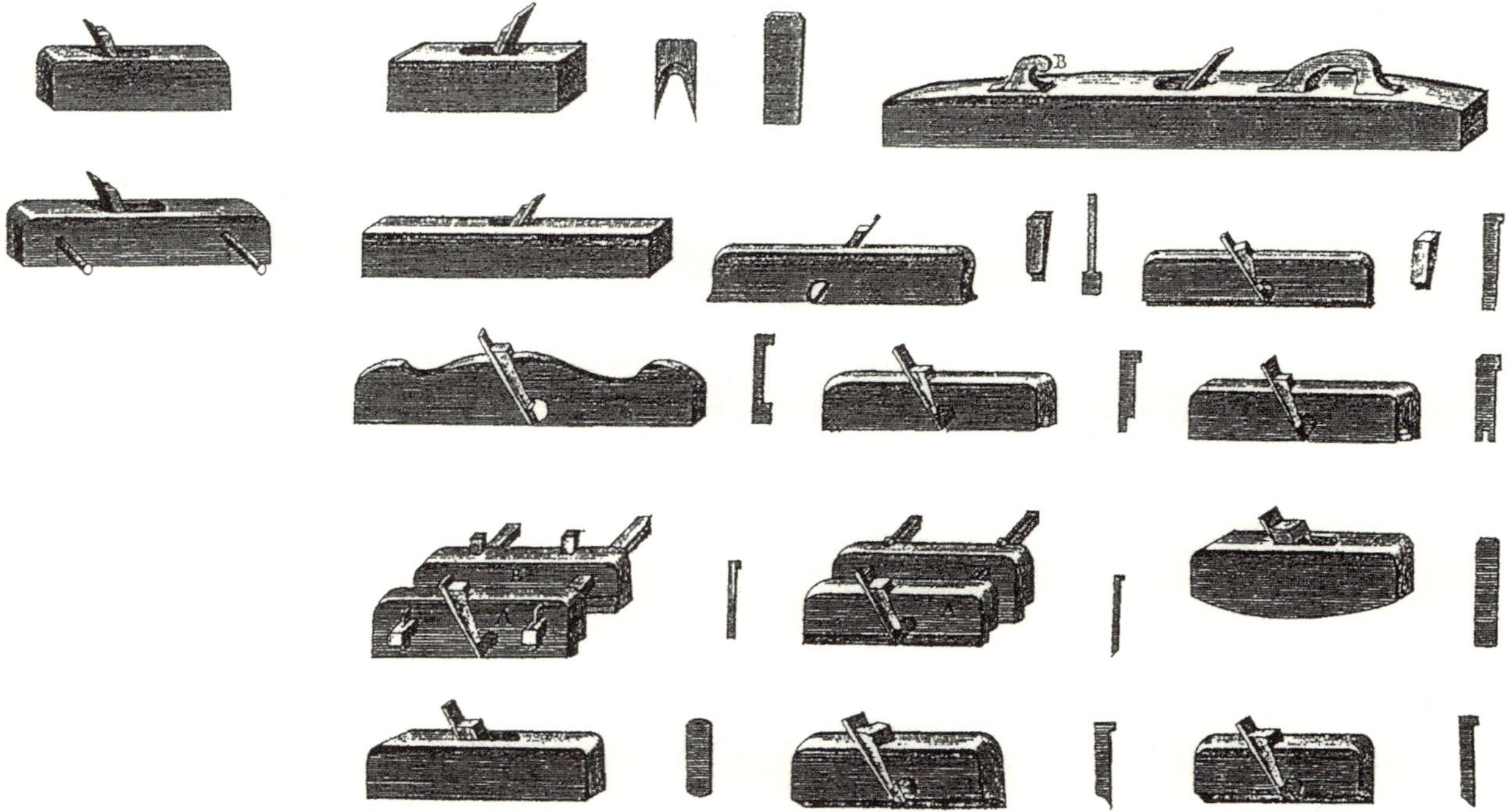

図120　ヨーロッパにおける建築用のカンナ（ディドロ『百科全書』18世紀，フランス）

編成に見られる（図120）。

推し使いと引き使い

ユーラシア大陸東端の島、日本においては、一五世紀ころに普及したノコギリによる製材法（挽割製材）によって、幅が広く薄い板材や正確な断面の角材が、建築部材として使われるようになった。その部材表面を仕上げ切削する道具も、古代以来のヤリカンナとともに、台カンナも使われはじめたと考えられる。たとえば現存最古の書院造《しょいんづくり》である慈照寺東求堂《じしょうじとうぐどう》（一五世紀後半、京都）は、角材の柱と縦板壁《たていたかべ》（厚さ七分：約二一ミリ）、天井板（厚さ四分：約一二ミリ）、床《ゆか》板（厚さ六分：約一八ミリ）などで構成された建築である。ノコギリによる製材法導入によって初めてつくることが可能になった建築ということができる。各部材の表面は、素木《しらき》のままの木肌《きはだ》の美しさが要求され、そのためにはより平滑な仕上げ切削を可能とする台カンナの需要が高まっていったと推定される。

スギ・ヒノキなどの針葉樹（軟木）を美しく切削するためには、微妙なコントロールの可能な引き使いが適している。自然の中で育った樹木の繊維はひとつとして同じものがなく、多様である。建築部材の表面には、途中から逆方向となる木材繊維（逆目《さかめ》）も少なからずある。推し使いの場合には力を込めて一気に切削するため、逆目があっても途中で止めることが難しい。美しい艶《つや》のある部材面をつくるためには、木材繊維の状態を確認しながら切削することが必要である。それが可能な引き使いを、日本の工人たちは選択したのであろう。

一方、大陸の西、ヨーロッパでは、広葉樹であるオーク（ナラ）などの硬木を力を込めて一気に切削する推し使いが、工人たちに選択された。角材や板材の表面に逆目の荒れた切削痕があっても構わない、とする建築観が、その後もカンナの推し使いを継続させたと考えられる。

また、大陸の東、中国においては、ヨーロッパの建築用材ほどの硬木ではないものの、広葉樹と針葉樹が建築用材として使われた。特に針葉樹の場合は、台カンナの引き使いという選択も可能であったはずであるが、中国の工人たちは推し使いを選択した。そこには素木の木肌の美しさを追求するのではなく、逆目の荒れた切削面があっても構わない、とするヨーロッパと同様の建築観があったものと推定される。

「スミツボ文化圏」

建築工事の最初の段階において、長い直線を墨付けするために用いる墨掛道具は、ユーラシア大陸の西と東で異なる発展過程をたどったと考えられる。

大陸の西では、原初的段階のまま近年まで推移し、大陸の東では、着色剤容器と糸車とが一体化し、その後、墨付けの精度や効率を高める方向に形状や構造が発達していった。ユーラシア大陸の東に「スミツボ文化圏」が形成された、ということができる。

大陸の東、中国は、スミツボの重要な構成要素である墨と糸（絹）の起源地でもある。中国では、約六〇〇〇年前の遺跡（半坡《はんぱ》遺跡）から、赤と黒の着色剤で絵（人面魚身）付けされた土器が発見されている。中国における正式記録としての文字は石に刻まれていたが、春秋《しゅんじゅう》・戦国時代（紀元前八世紀から三世紀）ころから、竹簡《ちくかん》・木簡《もくかん》・帛《しろぎぬ》などに毛筆で書かれるようになる。ここに文字用の着色剤として、墨の使用が本格化する。漢代（紀元後二世紀初め）に紙が発明され、「紙・筆・墨」のトリオが成立する。この、いわゆる「文化の素《もと》」が日本へ伝えられたのは、飛鳥《あすか》時代（七世紀初め）であったという。

絹は紀元前二世紀以前（殷代ともいわれる）に製作されるようになり、紀元前一世紀ころ、ローマ帝国に絹製品が運ばれている（シルクロード）。その製作技術は国家秘密とされ、国外への技術流出が固く禁じられていた。当時のローマ帝国では、絹の原料をある種の植物から取れる繊維と考えていたという。

この墨と絹の起源地であることと、その地域に「スミツボ文化圏」が成立したこととは、何らかの相関があることは否定できない。しかし、ユーラシア大陸の西と東における墨掛道具の相違は、建築工事の各段階においてその道具がどう使われてきたのか、ということに、より密接な関連があるのではないだろうか。たとえば製材段階に長い直線をしるすだけで用が足りる地域と、さらに構造材加工と造作材加工まで、どの工事段階においても使用頻度が高い地域とでは、その発展過程に相違が生ずるのは当然ともいえる。

大陸の西と東における大きな相違だけでなく、東における「スミツボ文化圏」内においても、スミツボの形状や構造にいくらかの相違が見られる。これも大陸の東における建築工事で、スミツボに求められる性能や精度に相違があることの反映と考えられる。

木の硬軟と道具、そして工人――エピローグ

ここまで、ユーラシア大陸の西と東における建築技術の流れをおってきた。さいごに各地域の道具と、それをとりまく文明についてふれ、本書のしめくくりとしたい。

原初的道具としてのオノとノミ

オノとノミは、木柄（保持部分）への装着方法と使用法によって区別されるが、刃を有する機能部分だけが出土した場合、その判別が困難な道具である。木の建築をつくる道具の中で、オノとノミが最も原初的な道具ということができる。

オノとノミの材質が石から金属へ移行した主たる要因は、刃部の鋭利さと素材の再利用が可能であったこと、と推定される。石を素材としたオノ・ノミの場合、刃部が欠損した

り本体が破損すると廃棄せざるを得ない。しかし、金属製のオノ・ノミでは熱を加えて溶かすことによって再利用ができた。

ユーラシア大陸の西、ヨーロッパ文明の源流のひとつであるエジプトにおいて、約六〇〇〇年前（バタリ文化・上エジプト）、銅の利用がはじまったという。銅鉱石に熱を加えて溶融して得た銅を鋳造法でオノ・ノミの形につくっても、軟らかすぎて道具としては使うことができない。このオノ・ノミの刃部に槌打ちをくり返す（鍛打《たんだ》する）ことにより硬さが増す。前述した約四五〇〇年前の銅製オノは、こうした方法でつくられたものと推定される（平田・八杉　一九七八）。

大陸の東、中国においては、約四三〇〇年前（二里頭《にりとう》文化）あたりから、銅の利用がはじまったとされている。この時期の遺跡から出土した前述の銅製のオノも、鍛打によってオノとしての使用が可能になったものと考えられる。

青銅は、銅と錫《すず》の合金である。初期には錫を含む銅鉱石を溶融したり、銅鉱石と錫鉱石を溶融してつくったと推定される。その後、経験を積み重ねる中で、銅と錫の比率をコントロールする技術が確立されていったと考えられる。

大陸の東、中国の春秋時代（紀元前八世紀から五世紀）の技術書『考工記』には、その比率の記述がある。「鐘鼎《しょうてい》」「斧斤《ふきん》」「戈戟《かげき》」「大刃《たいじん》」「削《さく》」（小刀）「鑑燧《かんすい》」（銅鏡）という六種類の青銅製品をつくるための、それぞれの比率が記されており、青銅製のオノである「斧斤」は五対一の比率である。文字として明文化されたのは春秋時代であるが、殷代（紀元前一七世紀から一一世紀）の青銅製のオノ・ノミも高い技術でつくられたと推定される（林一九九五）。

なお、大陸の西と東を結ぶ地域であるメソポタミアにおいて、約四九〇〇年前の青銅製のオノが出土している。これが現在確認できる最古のひとつであり、その技術が西方の地中海世界や北方のコーカサス地方などへ伝播していったと考えられる（図121）。

青銅は銅と比較すると低い温度で鋳造することができ、硬度は高い。しかしオノ・ノミの素材としては、鉄の方が優れている（平田・杉　一九七八）。

鉄による利用の拡大

鉄は約五〇〇〇年前から四〇〇〇年前にかけての時期に、大陸の西と東を結ぶ地域、西アジアで利用されはじめたと考えられている。初期の鉄は、隕鉄《いんてつ》（隕石に含まれた鉄）を利用したものや、人工鉄であっても炭素量の低い錬鉄《れんてつ》で、オノ・ノミとして利用するだけの硬さがなかったという。この時期にはまだ、青銅製のオノ・ノミの方が道具として有効であったと推定される。

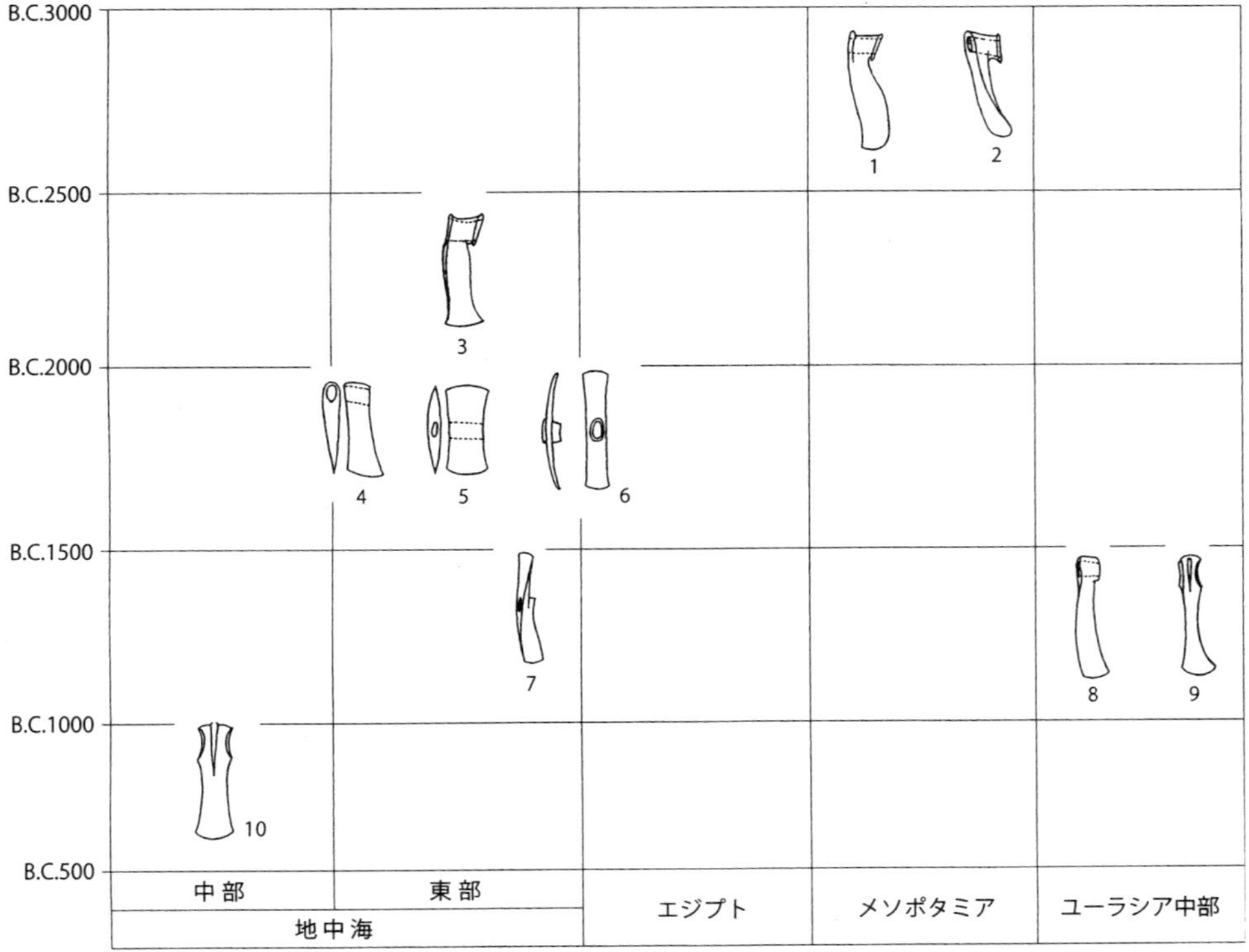

図121　ユーラシア大陸における技術の流れ：青銅製のオノ

1．B.C. 2900～2700年，2．B.C. 2700年，3．B.C. 2300年，4．5．6．B.C. 2000～1700年，7．B.C. 1700年，8．9．

錬鉄の表面に炭素を滲《し》み込ませて硬化させる技術（滲炭法《しんたんほう》）が開発されてから、鉄製のオノ・ノミの利用が広がることになる。この技術を秘密にして、鉄の文化をいち早く発達させていたのが、現在のトルコにあたるアナトリアに存在していたヒッタイト帝国（紀元前一四五〇年から一二〇〇年）であったと考えられている。

ヒッタイト帝国の崩壊後、鉄の技術が四方に広がり、紀元前一〇〇〇年までにはペルシアへ、紀元前七〇〇年までにはエジプトへ、紀元前六〇〇年までにはヨーロッパへ伝わったと推定されている（窪田　一九九五）。

大陸の東、中国において鉄の利用がはじまったのは約三〇〇〇年前とされているが、本格的な鉄器生産が行なわれるようになったのは戦国時代（紀元前五世紀から三世紀）と考えられる。

ローマ時代のプリニウス（紀元後二三年から七九年）が著述した『博物誌』には、「セレスの鉄」が最も優れていると記されている。この時代、大陸の西と東を結ぶ地域、インドでは、ルツボを利用した鋳鋼《ちゅうこう》（ウーツ鋼）が、大陸の東、中国では銑鉄《せんてつ》を脱炭《だったん》した鋼が、それぞれ生産されていたが、「セレスの鉄」がそのどちらなのか、は不明である。いずれにしても、大陸の西、ヨーロッパのローマ時代において、大陸の東あるいは南から鉄が運ばれ利用されていたと推定される（窪田　一九九五）。

ユーラシア大陸のどの地域においても、オノは木柄を振り回して使用し（S使用）、ノミは槌で叩いて使用（H使用）している。木の建築をつくる工程の中では、オノが伐木と製材に、ノミが製材（打割）と部材加工に、それぞれ使用されている。こうした使用法や用途については、ユーラシア大陸全体で共通性があり、西と東の大きな相違は見られない。

ノコギリの引き使いベルト地帯

伝統的な手道具によって木の建築をつくっていた一九世紀ころ、ノコギリの使用法は、ユーラシア大陸の西と東において推し使い、東端の島において引き使いであった。ユーラシア大陸の西と東を結ぶ地域では、ノコギリをどのように使っているのであろうか。

既往研究やこれまでの調査の結果、トルコ、そのトルコがオスマン朝時代（一四世紀から二〇世紀）に支配したギリシア・ブルガリア、東に向って、イラク・イラン・アフガニスタン・インド北部・ネパール・ブータンなどが、ノコギリの引き使い地域である（図122）。

ユーラシア大陸の森林分布を見ると、ノコギリの引き使い地域には針葉樹が生育している。大陸の西、ヨーロッパの広葉樹（ナラなど）の硬木と比較すると、軟らかい木が建築

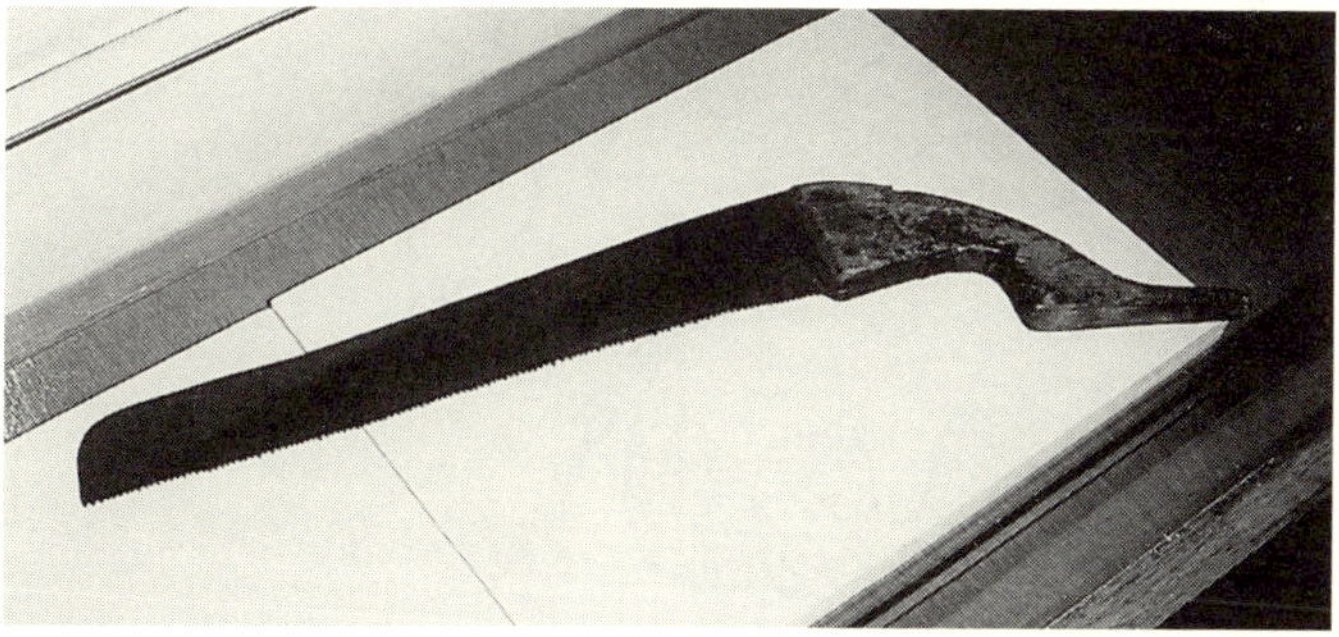

図122　ユーラシア大陸の西と東を結ぶ地域のノコギリ（ブルガリア，ノコギリの歯は引き使いの形状）

用材として使われた地域である。この針葉樹の地域は、東端の島、日本まで帯状につながっている。これを「ノコギリの引き使いベルト地帯」と仮称しておく（図123）。

中国南西部の貴州《きしゅう》省や雲南省も、このベルト地帯に含まれている。そして、この地域の居住者の多くは、かつて長江流域に居住していたとされるトン族などの少数民族である。この人々の間でも、部分的ではあるが、引き使いのノコギリが使われている（図124）。

カンナが語る文化圏

ユーラシア大陸の西、ヨーロッパにおいて、ローマ帝国が支配した地域は、現代のイタリア・フランス・ドイツ・イギリスなど硬木（広葉樹）文化圏であった。この地域において早くから台カンナが使われはじめたことと、硬木文化圏であることとは、密接に関連していると考

7. 常緑混合林または沼沢常緑林

8. 亜熱帯常緑広葉樹林または熱帯山岳林

9. (a)温帯山地林（混合林）
(b)温帯山地林（針葉樹林）

10. (a)地中海性硬葉樹林
(b)大陸性硬葉樹林

11. 高地草原及び潅木、高地ステップまたは沙漠

12. (a)サヴァンナと低木林
(b)熱帯低地ステップ

タイガ北限

太田 1988 掲載図版を一部改変）

図123　ユーラシア大陸における針葉樹林帯と「引き使いベルト地帯

図124　ユーラシア大陸の東における引き使いのノコギリ（中国・貴州省，少数民族の一部で引き使いのノコギリを使用）

えられる。カンナの刃が装着された状態で出土したローマ時代の台カンナは、その角度（仕込《しこみ》勾配《こうばい》）が、約五〇度から六五度の範囲である。これは、軟木切削用の台カンナの刃が約三八度（八寸勾配）で装着されていることと比較すると、硬木切削用の角度ということがわかる。東端の島、日本の台カンナの台が約三〇ミリ（一寸）の厚さであるのに対して、大陸の西、ヨーロッパの台カンナの台がその倍近い厚さであることも、この仕込勾配に起因している。

大陸の西、ヨーロッパは、古くから「台カンナ文化圏」であったが、詳細に見ると、その北西部に様相の異なる文化圏があった。水平材（ログ）構法の建築が多く存在するスカンジナビア半島において、その南部地域にログ構法とは異なる木の建築が残されている。強度のある針葉樹を垂直材（柱）として用いた木造教会である（図125）。バイキングの木造船をつくる技術とも関連する高い技術でつくられた木造教会は、丸柱と長押《なげし》に類似した水平材などによって構成され、その内部に入ると、日本の古代・中世仏堂の中にいるかのような錯覚を生ずる（図126）。この丸柱材の表面には、日本の古代・中世の建築部材に残されたヤリカンナの刃痕《じんこん》と類似した切削痕が確認できる（図127）。

また、この地域からは、青銅製のヤリカンナや鉄製のヤリカンナが出土している（図128）。

大陸の東において「ヤリカンナ文化圏」が続いていた時代に、大陸の西、ヨーロッパの一部に、やはり「ヤリカンナ文化圏」が存在していた可能性が考えられる。

前述したように、大陸の東、中国では一五世紀ころまでに「ヤリカンナ文化圏」から「台カンナ文化圏」に移行し、東端の島、日本でも一六世紀ころまでの併用期を経て、一七世紀には主要切削道具が台カンナへ移行したと考えられる。

手道具を用いて木の建築をつくっていた一九世紀、ユーラシア大陸の西と東のいずれにおいても、建築部材の仕上げ切削には、台カンナを使っていた。ただ、その使用法が、大陸の西と東がいずれも推し使い、東端の島、日本が引き使いである。大陸の西と東を結ぶ地域も台カンナは推し使いをしており、前述「ノコギリの引き使いベルト地帯」でも、日本以外、台カンナは推して使っている。

図126　ノルウェーの木造教会内部（強度のある針葉樹によってつくられた垂直材・水平材構法の建築）

図125　ヨーロッパ北西部（スカンジナビア半島）の木造教会（ノルウェー・ウルネス）

図127　木造教会の丸柱表面に残る刃痕

台カンナの引き使いは、現在、確認できた範囲では日本だけである。

スミツボの世界史

ユーラシア大陸の西と東において、建築部材に長い直線をしるす道具の紐（糸）や着色剤の材質は、それぞれの時代、耐久性や価格などの検討を経て、適切なものが選択されたと考えられる。手道具を用いて木の建築をつくっていた一九世紀、たとえばヨーロッパでは毛糸とチョーク、中国では麻糸と墨、日本では絹糸と墨、といった組み合わせなどがあった。

図128　バイキングの道具に含まれているヤリカンナ（ノルウェー・ベルゲン）

ユーラシア大陸の西と東を結ぶ地域では、建築部材に長い直線をしるすために、どういう道具が使われていたのであろうか。

大陸の東、中国の影響が及んだ東南アジアや南アジア山岳部（ネパール・ブータンなど）では、スミツボが使われているが、一部に原初的な道具も残っている。たとえばブータンでは、赤色着色剤を入れた容器（土器）と棒に巻いた紐が使われ、中国の古い文献に記されていた「赭《そほ》縄《なわ》」を推測させる道具である。

さらにその西に目を向けると、オリエント文明にまでさかのぼる。約五〇〇〇年前、オリエントの西と東で、エジプト文字とシュメール文字が発明された。オリエントにおいても中国の場合と同様、正式記録としての文字は石に刻まれていたが、パピルスが発明されると、インクを用いて筆代わりの草の茎《くき》で文字が書かれるようになる。オリエントのインク（赤と黒）は固形状態で携帯し、使用にあたって水に溶かして液体状にしたという。

後代のオスマン朝トルコにおいては、煤《すす》にアラビアゴムなどを混ぜたインクを使用したらしい。注目されるのは、文書行政官（書記）が、「ディヴィト」と呼ばれる矢立《やたて》の一種に、この黒色インクを浸み込ませた絹を入れて携行していたことである。スミツボの墨綿《すみわた》と同じ発想であり、スミツボの存在した可能性があるものの、現在のところ未確認である。

なお絹は、紀元前一世紀以降、高価な貿易商品として、西域を介した陸の通商路やインドなどを介した海の通商路などで、それぞれ中国からローマへ輸出されていた。この大きな利潤を生む国家機密の技術が六世紀、西域（ホータン）に流出し、さらに東ローマ（ビザンチン）帝国（ユスティニアヌス帝、六世紀）に伝播した。その結果、六世紀には大陸の西、ヨーロッパ文化圏においても絹の生産が開始されたらしい。水力を利用した機械生産がはじまるのは、大陸の西と東、いずれにおいても一四世紀であったという。

豊かな森林と木の文化

ユーラシア大陸における文明の発生、金属器の出現、といった要素を通観すると、西アジアが山の頂に位置していることがわかる（図129）。

本書のプロローグ「道具の文明史」で記した森林の歴史は、この山の頂から西と東に向って水が流れるように文明が普及していく動きにあわせ、森林も消滅していった事実を示している。

まず、山の頂付近では、約一万年前、オリーブ栽培のためにレバノン山脈東斜面の広葉樹（ナラ）の森が石器によって伐採され、約七〇〇〇年前には中腹に生えていた針葉樹（スギ）も伐り倒された。世界最古の文明の発生地であるユーフラテス川上流に面したレバノン山脈の東斜面の森林は、この頃消えてしまったという。

ここから西へ向った農業と金属器普及の流れは、約二〇〇〇年前にギリシアの広葉樹（ナラ）の森を消し、約九〇〇〇年前からアルプス以北の深い森にも伐採の手が入っていった。約四〇〇〇年前には、大陸の西、ヨーロッパの森林は消え去ってしまったらしい（安田

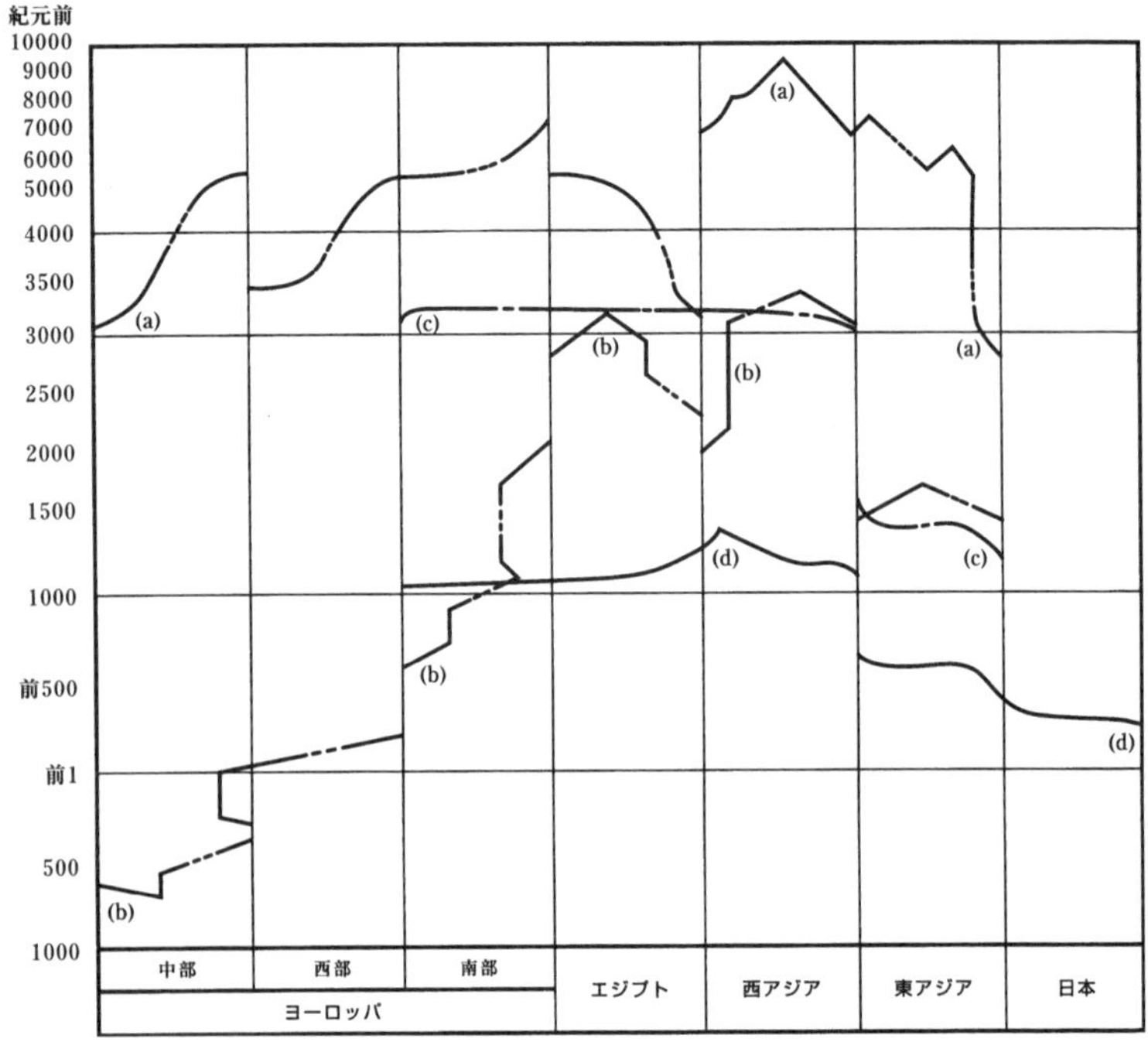

図129　ユーラシア大陸における技術の流れ（佐原他 1993 掲載「世界史の中の日本列島」「世界の青銅器時代と鉄器時代」をもとに筆者改変）

(a)　農耕社会の成立━・・・━（3点鎖線），(b)　王権の成立━・・━（2点鎖線），(c)　青銅器時代━・━（1点鎖線），(d)　鉄器時代━━━（実線）

二〇〇一）。

一方、山の頂から東に向う流れは、約四〇〇〇年前までに、中央アジアに点在する針葉樹（マツ）の森を消していったという（窪田・奈良間　二〇一二）。さらに東方の中国には、もうひとつの文明の山頂があった。ここでも農業と金属器の普及により、約二〇〇〇年前から黄河流域の広葉樹（ナラ）と針葉樹（マツ）の豊かな森林の伐採がすすみ、また、長江流域の広葉樹（カシなど）の深い森にも破壊の手が及んだらしい（安田　二〇〇一）。

このように、農業と金属器の普及の流れとともにユーラシア大陸全域にわたり森林が消えていく中、大陸東端の島、日本では、現在でも国土の約七割を森林が占めている。筆者はここにこそ、今後の地球環境を守るカギがあると考える。

ユーラシア大陸の中央・西・東、いずれにおいても、農業に牧畜をともなっていた。森林には本来、自己再生能力がある。針葉樹の森は二億年、広葉樹の森も一億年、その自己再生能力により、地球の良好な環境を維持してきた。一万年を一ミリとするモノサシで見ると、二〇メートルの小道の中で、わずか一ミリ手前において、人類は豊かな森を破壊し続けた。人類が人工的に管理するようになったヤギやヒツジなどの家畜が、森林の自己再生能力の芽、まさに樹木の若芽を食べつくしてしまったのである。

大陸東端の島、日本において、豊かな森林が残り、木の建築をはじめとした木の文化が守られてきたのは、牧畜なしで食料が供給できるシステムがあったことと、自然を畏《おそ》れ敬《うやま》う日本人の心が生き続けてきたことが大きな要因と考えられる（安田　二〇〇一）。自然と共生する社会、持続可能な未来の社会のモデルは、大陸東端の島、日本にあるのではないだろうか。木の建築をつくる工人たちも、素木《しらき》の美しさ、構造そのもののたくみさなどの実現のために日々修業し、自らの腕を磨いてきた。ノコギリもカンナも引き使いをする世界で唯一の日本の建築工人たちもまた、豊かな森林にはぐくまれてきた、といえるのではないだろうか。

あとがき

「先生、日本の建築工人たちは、ずっと坐位のまま、じっくりと木と対話しながら手道具を使い続けたかったんじゃないでしょうか」。「坐位から立位へ……か。それは新説だな」。今から二〇年近く前、下書き中の博士学位論文の「結論」部分を、村松貞次郎先生にご報告した時の会話である。日本の建築工人たちは、一八世紀ころから、チョウナ、ノコギリ、カンナの順番で（荒仕事から仕上げ仕事へ）、坐位から立位の作業姿勢に変化していく。その主たる要因を、経済的実権を握った商人勢力が建築工事を発注するとき、「早く、安く、いいもの」を強く要求したため、と考察した。この経済効率優先の流れは、近代を経て現代にまで続いている。

日本と海外との比較研究の重要性を自覚したのは二十数年前、太田邦夫先生から「ヨーロッパの木造建築」のお話をうかがった時である。以来、ユーラシア大陸全般を視野に入れた研究に関して多くのご助言をいただいている。また、大陸の東、中国における木の建築をつくる技術と道具に関しては、田中淡先生より、京都大学人文科学研究所での研究会をはじめ、様々な機会にご助言と励ましをいただいていた。

二〇〇四年刊行の本書の姉妹編である『大工道具の日本史』は、藤森照信先生が主査として指導して下さり、一九九九年に東京大学に提出した博士学位論文をベースに執筆したものである。その「あとがき」において、「わが国における木の建築をつくる技術と道具は、ユーラシア大陸東西の文明圏と比較することによって、それぞれの時代における位置付けが明らかになる」と記した。一〇年後の本書で、どこまで達成できたであろうか。たとえば「ノコギリの引き使い」地域を「針葉樹ベルト地帯」と仮称したが、それぞれの地域で、いつから引き使いをしているのか（日本は一五世紀ころと推定）、明らかにできていない。また、使用法の相違が、木の硬軟、要求される加工精度の精粗に起因すると考えたが、「引き使いベルト地帯」の多くの地域が坐位での作業習慣をもっていることについては、考察が不十分である。

さらに、推し使いと引き使いは、もっと別の要因も考える必要があることを、川田順造先生よりご助言いただいた。たとえば木ではなく土を扱う陶工の世界でも、ロクロを蹴る方向に同様の相違が見られる、とのことである。

確かに対象を木や土以外、たとえば人体にまで広げると、西の突く武器（フェンシング）と東端の島における引き切る日本刀なども推すか引くかの相違になるのかもしれない。まだまだ、研究すべき課題が山積している。

本書は実に多くの方々のご助言・ご協力によって記述することができた。とくに一九九七年に急逝された村松先生と、東京大学同窓・同世代の伊藤延男先生、内田祥哉先生からは、今もなお励ましの言葉をいただいている。諸先生をはじめ、お世話になったすべての方々にあらためて心より感謝の意を表するとともに、読者諸賢のご叱正を切に願いつつ、筆をおくこととする。

なお、吉川弘文館編集部の一寸木紀夫氏、永田伸氏には、前著に続き一〇年後の本書も世に出すためにご尽力いただいた。末筆ではあるが、心より感謝申し上げる。

二〇一三年八月六日　齢六〇の日

渡　邉　晶

参考文献

佐藤磐根編『生命の歴史』日本放送出版協会、一九六八

浅川謙次監修『中国の地理』築地書館、一九七五

平田　寛・八杉龍一訳編『技術の歴史』筑摩書房、一九七八

中国科学研究院編（田中淡訳）『中国の建築』小学館、一九八二

潮見　浩『東アジアの初期鉄器文化』吉川弘文館、一九八二

太田邦夫「世界の木造構法の分布とその技術的背景」『住宅建築研究所報』新住宅普及会、一九八三

遠藤元男『日本職人史の研究』雄山閣出版、一九八五

若山　滋『世界の建築術』彰国社、一九八六

若林弘子『高床式建物の源流』弘文堂、一九八六

太田邦夫『エスノアーキテクチュア序説』群居刊行委員会、一九八七

太田邦夫『東ヨーロッパの木造建築』相模書房、一九八八

テリー・ジョーダン（山本正三・石井英也訳）『ヨーロッパ文化』大明堂、一九八九

佐原真他編『日本歴史館』小学館、一九九三

佐々木高明『日本文化の基層を探る』日本放送出版協会、一九九三

内田祥哉編『在来構法の研究―木造の継手仕口について―』住宅総合研究財団、一九九三

佐原　真『斧の文化史』東京大学出版会、一九九四
浅川滋男『住まいの民族建築学』建築資料研究社、一九九四
林巳奈夫『中国文明の誕生』吉川弘文館、一九九五
窪田蔵郎『シルクロード鉄物語』雄山閣出版、一九九五
宮本長二郎『日本原始古代の住居建築』中央公論美術出版、一九九六
吉村作治・中川武他「アブ・シール南丘陵頂部建築遺構の〝建築墨書〟」『日本建築学会技術報告集』二、一九九六
村松貞次郎『道具と手仕事』岩波書店、一九九七
村上恭通『倭人と鉄の考古学』青木書店、一九九八
網野善彦『「日本」とは何か』日本の歴史〇〇巻、講談社、二〇〇〇
安田喜憲『環境考古学のすすめ』丸善、二〇〇一
浅川滋男・箱崎和久編『埋もれた中近世の住まい』同成社、二〇〇一
川田順造『人類学的認識論のために』岩波書店、二〇〇四
藤森照信『人類と建築の歴史』筑摩書房、二〇〇五
関　昌家・鈴木良次編『手と道具の人類史―チンパンジーからサイボーグまで―』協同医書出版社、二〇〇八
エドヴァルト・ルトヴェラゼ（加藤九祚訳）『考古学が語るシルクロード史』平凡社、二〇一一
窪田順平監修・奈良間千之編『環境変動と人間』中央ユーラシア環境史一、臨川書店、二〇一二

渡邉　晶「木の建築をつくった道具たち—東アジアのスミツボとヨーロッパのチョークライン—」『失われゆく番匠の道具と儀式』国立歴史民俗博物館、一九九六
渡邉　晶『日本建築技術史の研究』中央公論美術出版、二〇〇四
渡邉　晶『大工道具の日本史』歴史文化ライブラリー一八二、吉川弘文館、二〇〇四
渡邉　晶「ユーラシア大陸の西と東における鋸の歴史」『竹中大工道具館研究紀要』一六、二〇〇四
渡邉　晶「ユーラシア大陸の西と東におけるカンナの歴史」『竹中大工道具館研究紀要』一七、二〇〇五
渡邉　晶「建築技術の多様性—先史・古代における木の建築をつくる技術の歴史—」『記念的建造物の成立』シリーズ都市・建築・歴史一、東京大学出版会、二〇〇六
渡邉　晶「ユーラシア大陸の西と東における斧の歴史」『竹中大工道具館研究紀要』一九、二〇〇八
渡邉　晶「ユーラシア大陸の西と東におけるうがつ道具（鑿と錐）の歴史」『竹中大工道具館研究紀要』二一、二〇一〇
W. L. Goodman, "*The history of Woodworking Tools*" Bell & Hyman Limited, London, 1964
Sir W. M. Finders Petrie, "*Tools and Weapons*" Aris & Phillips Limited, London, 1974
BINDING, Günther/MAINZER, Udo/WIEDENAU, Anita, "*Klein Kunstgeschichte des Deutschen Fachwerkhaus*" Wissenschaftliche Buchgesellschaft, Darmstadt, 1989

著者紹介

一九五三年、鳥取県に生まれる
一九七六年、福井大学工学部建築学科卒業
二〇〇〇年、東京大学大学院工学系研究科より博士（工学）学位授与
財団法人竹中大工道具館主席研究員を経て、
現在、建築技術史研究所所長

主要著書
『大工道具の日本史』（吉川弘文館、二〇〇四年）
『日本建築技術史の研究』第二版（中央公論美術出版、二〇一三年）

歴史文化ライブラリー
374

大工道具の文明史
日本・中国・ヨーロッパの建築技術

二〇一四年（平成二十六）四月一日　第一刷発行

著者　渡《わた》邉《なべ》　晶《あきら》
発行者　前田求恭
発行所　株式会社 吉川弘文館
東京都文京区本郷七丁目二番八号
郵便番号一一三—〇〇三三
電話〇三—三八一三—九一五一〈代表〉
振替口座〇〇一〇〇—五—二四四
http://www.yoshikawa-k.co.jp/
印刷＝株式会社 平文社
製本＝ナショナル製本協同組合
装幀＝清水良洋・渡邉雄哉

ISBN978-4-642-05774-5

歴史文化ライブラリー

1996.10

刊行のことば

現今の日本および国際社会は、さまざまな面で大変動の時代を迎えておりますが、近づきつつある二十一世紀は人類史の到達点として、物質的な繁栄のみならず文化や自然・社会環境を謳歌できる平和な社会でなければなりません。しかしながら高度成長・技術革新にともなう急激な変貌は「自己本位な刹那主義」の風潮を生みだし、先人が築いてきた歴史や文化に学ぶ余裕もなく、いまだ明るい人類の将来が展望できていないようにも見えます。このような状況を踏まえ、よりよい二十一世紀社会を築くために、人類誕生から現在に至る「人類の遺産・教訓」としてのあらゆる分野の歴史と文化を「歴史文化ライブラリー」として刊行することといたしました。

小社は、安政四年（一八五七）の創業以来、一貫して歴史学を中心とした専門出版社として書籍を刊行しつづけてまいりました。その経験を生かし、学問成果にもとづいた本叢書を刊行し社会的要請に応えて行きたいと考えております。

現代は、マスメディアが発達した高度情報化社会といわれますが、私どもはあくまでも活字を主体とした出版こそ、ものの本質を考える基礎と信じ、本叢書をとおして社会に訴えてまいりたいと思います。これから生まれでる一冊一冊が、それぞれの読者を知的冒険の旅へと誘い、希望に満ちた人類の未来を構築する糧となれば幸いです。

吉川弘文館

歴史文化ライブラリー

文化史・誌

楽園の図像 海獣葡萄鏡の誕生 ― 石渡美江
毘沙門天像の誕生 シルクロードの東西文化交流 ― 田辺勝美
世界文化遺産 法隆寺 ― 高田良信
語りかける文化遺産 ピラミッドから安土城・桂離宮まで ― 神部四郎次
落書きに歴史をよむ ― 三上喜孝
密教の思想 ― 立川武蔵
霊場の思想 ― 佐藤弘夫
四国遍路 さまざまな祈りの世界 ― 星野英紀・浅川泰宏
跋扈《ばっこ》する怨霊 祟りと鎮魂の日本史 ― 山田雄司
藤原鎌足、時空をかける 変身と再生の日本史 ― 黒田 智
変貌する清盛 『平家物語』を書きかえる ― 樋口大祐
鎌倉 古寺を歩く 宗教都市の風景 ― 松尾剛次
鎌倉大仏の謎 ― 塩澤寛樹
日本禅宗の伝説と歴史 ― 中尾良信
水墨画にあそぶ 禅僧たちの風雅 ― 高橋範子
日本人の他界観 ― 久野 昭
観音浄土に船出した人びと 熊野と補陀落渡海 ― 根井 浄
浦島太郎の日本史 ― 三舟隆之
宗教社会史の構想 真宗門徒の信仰と生活 ― 有元正雄

読経の世界 能読の誕生 ― 清水眞澄
戒名のはなし ― 藤井正雄
仏画の見かた 描かれた仏たち ― 中野照男
ほとけを造った人びと 止利仏師から運慶・快慶まで ― 根立研介
〈日本美術〉の発見 岡倉天心がめざしたもの ― 吉田千鶴子
祇園祭 祝祭の京都 ― 川嶋將生
茶の湯の文化史 近世の茶人たち ― 谷端昭夫
海を渡った陶磁器 ― 大橋康二
時代劇と風俗考証 やさしい有職故実入門 ― 二木謙一
歌舞伎の源流 ― 諏訪春雄
歌舞伎と人形浄瑠璃 ― 田口章子
落語の博物誌 江戸の文化を読む ― 岩崎均史
大江戸飼い鳥草紙 江戸のペットブーム ― 細川博昭
神社の本殿 建築にみる神の空間 ― 三浦正幸
古建築修復に生きる 屋根職人の世界 ― 原田多加司
大工道具の文明史 日本・中国・ヨーロッパの建築技術 ― 渡邉 晶
風水と家相の歴史 ― 宮内貴久
日本人の姓・苗字・名前 人名に刻まれた歴史 ― 大藤 修
読みにくい名前はなぜ増えたか ― 佐藤 稔
数え方の日本史 ― 三保忠夫

歴史文化ライブラリー

大相撲行司の世界 — 根間弘海
武道の誕生 — 井上 俊
日本料理の歴史 — 熊倉功夫
吉兆 湯木貞一 料理の道 — 末廣幸代
アイヌ文化誌ノート — 佐々木利和
宮本武蔵の読まれ方 — 櫻井良樹
流行歌の誕生 「カチューシャの唄」とその時代 — 永嶺重敏
話し言葉の日本史 — 野村剛史
日本語はだれのものか — 川口 良・角田史幸
「国語」という呪縛 国語から日本語へ、そして〇〇語へ — 川口 良・角田史幸
柳宗悦と民藝の現在 — 松井 健
遊牧という文化 移動の生活戦略 — 松井 健
薬と日本人 — 山崎幹夫
マザーグースと日本人 — 鷲津名都江
金属が語る日本史 銭貨・日本刀・鉄炮 — 齋藤 努
バイオロジー事始 異文化と出会った明治人たち — 鈴木善次
ヒトとミミズの生活誌 — 中村方子
書物に魅せられた英国人 フランク・ホーレーと日本文化 — 横山 學
災害復興の日本史 — 安田政彦
夏が来なかった時代 歴史を動かした気候変動 — 桜井邦朋

民俗学・人類学

歴史と民俗のあいだ 海と都市の視点から — 宮田 登
神々の原像 祭祀の小宇宙 — 新谷尚紀
女人禁制 — 鈴木正崇
民俗都市の人びと — 倉石忠彦
鬼の復権 — 萩原秀三郎
海の生活誌 半島と島の暮らし — 山口 徹
山の民俗誌 — 湯川洋司
雑穀を旅する — 増田昭子
自然を生きる技術 暮らしの民俗自然誌 — 篠原 徹
川は誰のものか 人と環境の民俗学 — 菅 豊
名づけの民俗学 地名・人名はどう命名されてきたか — 田中宣一
番と衆 日本社会の東と西 — 福田アジオ
記憶すること・記録すること 聞き書き論ノート — 香月洋一郎
番茶と日本人 — 中村羊一郎
踊りの宇宙 日本の民族芸能 — 三隅治雄
日本の祭りを読み解く — 真野俊和
江戸東京歳時記 — 長沢利明
柳田国男 その生涯と思想 — 川田 稔
婚姻の民俗 東アジアの視点から — 江守五夫

歴史文化ライブラリー

歴史文化ライブラリー

近世史

歴史文化ライブラリー

江戸御留守居役 近世の外交官 ―― 笠谷和比古
検証 島原天草一揆 ―― 大橋幸泰
隠居大名の江戸暮らし 年中行事と食生活 ―― 江後迪子
大名行列を解剖する 江戸の人材派遣 ―― 根岸茂夫
江戸大名の本家と分家 ―― 野口朋隆
赤穂浪士の実像 ―― 谷口眞子
〈甲賀忍者〉の実像 ―― 藤田和敏
江戸の武家名鑑 武鑑と出版競争 ―― 藤實久美子
武士という身分 城下町萩の大名家臣団 ―― 森下 徹
次男坊たちの江戸時代 公家社会の〈厄介者〉 ―― 松田敬之
宮中のシェフ、鶴をさばく 江戸時代の朝廷と庖丁道 ―― 西村慎太郎
江戸時代の孝行者 「孝義録」の世界 ―― 菅野則子
死者のはたらきと江戸時代 遺訓・家訓・辞世 ―― 深谷克己
近世の百姓世界 ―― 白川部達夫
江戸の寺社めぐり 鎌倉・江ノ島・お伊勢さん ―― 原 淳一郎
宿場の日本史 街道に生きる ―― 宇佐美ミサ子
〈身売り〉の日本史 人身売買から年季奉公へ ―― 下重 清
江戸の捨て子たち その肖像 ―― 沢山美果子
歴史人口学で読む江戸日本 ―― 浜野 潔
京のオランダ人 阿蘭陀宿海老屋の実態 ―― 片桐一男
それでも江戸は鎖国だったのか オランダ宿日本橋長崎屋 ―― 片桐一男
江戸の文人サロン 知識人と芸術家たち ―― 揖斐 高
葛飾北斎 ―― 永田生慈
北斎の謎を解く 生活・芸術・信仰 ―― 諏訪春雄
江戸と上方 人・モノ・カネ・情報 ―― 林 玲子
エトロフ島 つくられた国境 ―― 菊池勇夫
災害都市江戸と地下室 ―― 小沢詠美子
浅間山大噴火 ―― 渡辺尚志
アスファルトの下の江戸 住まいと暮らし ―― 寺島孝一
江戸の流行り病 麻疹騒動はなぜ起こったのか ―― 鈴木則子
江戸幕府の日本地図 国絵図・城絵図・日本図 ―― 川村博忠
江戸城が消えていく 『江戸名所図会』の到達点 ―― 千葉正樹
都市図の系譜と江戸 ―― 小澤 弘
江戸の地図屋さん 販売競争の舞台裏 ―― 俵 元昭
近世の仏教 華ひらく思想と文化 ―― 末木文美士
江戸時代の遊行聖 ―― 圭室文雄
幕末民衆文化異聞 真宗門徒の四季 ―― 奈倉哲三
江戸の風刺画 ―― 南 和男
幕末維新の風刺画 ―― 南 和男
ある文人代官の幕末日記 林鶴梁の日常 ―― 保田晴男

歴史文化ライブラリー

幕末の世直し 万人の戦争状態——須田 努
幕末の海防戦略 異国船を隔離せよ——上白石 実
江戸の海外情報ネットワーク——岩下哲典
黒船がやってきた 幕末の情報ネットワーク——岩田みゆき
幕末日本と対外戦争の危機 下関戦争の舞台裏——保谷 徹

近・現代史

幕末明治 横浜写真館物語——斎藤多喜夫
横井小楠 その思想と行動——三上一夫
水戸学と明治維新——吉田俊純
旧幕臣の明治維新 沼津兵学校とその群像——樋口雄彦
大久保利通と明治維新——佐々木 克
維新政府の密偵たち 御庭番と警察のあいだ——大日方純夫
明治維新と豪農 古橋暉皃の生涯——高木俊輔
文明開化 失われた風俗——百瀬 響
西南戦争 戦争の大義と動員される民衆——猪飼隆明
明治外交官物語 鹿鳴館の時代——犬塚孝明
自由民権運動の系譜 近代日本の言論の力——稲田雅洋
明治の政治家と信仰 クリスチャン民権家の肖像——小川原正道
福沢諭吉と福住正兄《ふくずみまさえ》 世界と地域の視座——金原左門
日赤の創始者 佐野常民《つねたみ》——吉川龍子
文明開化と差別——今西 一
アマテラスと天皇 〈政治シンボル〉の近代史——千葉 慶
明治の皇室建築 国家が求めた〈和風〉像——小沢朝江
明治神宮の出現——山口輝臣
日清・日露戦争と写真報道 戦場を駆ける写真師たち——井上祐子
博覧会と明治の日本——國 雄行
公園の誕生——小野良平
啄木短歌に時代を読む——近藤典彦
東京都の誕生——藤野 敦
町火消たちの近代 東京の消防史——鈴木 淳
鉄道忌避伝説の謎 汽車が来た町、来なかった町——青木栄一
軍隊を誘致せよ 陸海軍と都市形成——松下孝昭
家庭料理の近代——江原絢子
お米と食の近代史——大豆生田 稔
近現代日本の農村 農政の原点をさぐる——庄司俊作
失業と救済の近代史——加瀬和俊
選挙違反の歴史 ウラからみた日本の一〇〇年——季武嘉也
東京大学物語 まだ君が若かったころ——中野 実
海外観光旅行の誕生——有山輝雄
関東大震災と戒厳令——松尾章一